PSYCHOLOGY

心理学入门 3

受益一生的情绪控制心理学

隋岩 著

中国法制出版社
CHINA LEGAL PUBLISHING HOUSE

前言 PREFACE

人有喜怒哀乐，喜怒哀乐便是情绪。

情绪心理学，自然是研究情绪的科学。虽然心理学家在 20 世纪 70 年代才着手研究情绪，但如今已经出现了多种情绪理论和大量研究成果。对喜悦、悲伤、愤怒、惊讶、恐惧和厌恶等基本情绪以及尴尬、同情、羞愧、内疚、自豪和嫉妒等自我意识情绪的研究有助于我们更了解自己，而对情绪规律的应用改变了我们的生活。

情绪无所不在，却又难以捉摸。平日里，我们不会用专业的视角看待情绪，却无时无刻不与情绪打交道。我们为什么会哭，为什么会笑？我们在害怕什么？我们为何焦虑？厌恶感从何而来？是什么引起我们的愤怒？有人总是不由自主地情绪失控；有人从不表达情绪，却在暗中攻击他人；有人看起来温文尔雅，实际上是一个偏执狂；有人把人生当作舞台，每天上演浮夸的戏码……人活在情绪之中，有时候控制情绪，有时候又被情绪所控制。

本书围绕“情绪”这一主题，从八个方面来阐述情绪心理学，包括基本情绪、情绪的外部表现、自我意识情绪、情绪的变化、情绪的生理基础、情绪共存、情绪与身体健康以及调节情绪的方法。本书抛弃理论以及学科的条条框框，从日常生活的情境出发，分析案例，揭示规律。本书大量引入的例子中，有生活实例、新闻报道、名人故事和文艺作品，尽量做到深入浅出、通俗易懂，适合对情绪心理学感兴趣的非专业人士阅读。

亲爱的读者，如果你想要进入情绪的世界闯一闯，就从本书开始吧。

目录

CONTENTS

第一章

喜怒哀惧惊恶
——人的基本情绪

生活中，很少有人会把情绪当作一个特别的东西进行关注。情绪就像空气一样，存在于我们日常生活的每一个角落。或许因为我们对它太熟悉了，才会大而化之地对待，不去深究情绪到底是一个什么样的东西，人又有哪些基本情绪。

寻常人不求甚解，心理学家可不能这样。关于情绪，心理学家给出的定义是：情绪是以个体的愿望和需要为中介的一种心理活动。心理学家将我们在生活中的各种情绪分为愉悦、悲伤、愤怒、惊讶、恐惧和厌恶。

本章我们先来了解一下人类的基本情绪：愉悦、悲伤、愤怒、惊讶、恐惧和厌恶。大家不要因为习以为常就对它们视而不见，其实情绪里的学问大着呢。

❖ 快乐是什么——最简单的难题

你不是真正的快乐
你的笑只是
你穿的保护色
你决定不恨了
也决定不爱了
把你的灵魂
关在永远锁上的躯壳

你不是真正的快乐
你的伤从不肯
完全地愈合
我站在你左侧
却像隔着银河
难道就真的抱着遗憾
一直到老了
……

这首五月天的催泪经典曲目在音乐平台上收获了很多评论。在这些评论中，许多听友认为似乎每一句歌词都在讲述他们不是真正快乐的故事，不，应该说，他们过得都不快乐。或许正因为不快乐，才会选这首恰好映衬心情的歌来听吧。

许多人在听这首《你不是真正的快乐》时，在歌词里看见了自己的影子。这些歌词字字戳心，反映出歌迷内心的真实感受。于是，许多人听着听着就莫名掉下了眼泪。

说自己不是真正快乐的人都在追求快乐，却很少有人追问自己，或者求助他人：究竟快乐是什么？这是一个看似简单、实则难解的问题。快乐是什么？每个人都在寻找答案，追求不同的人得到的答案也是完全不一样的。有人从工作中得到快乐，有人则把工作视作对身心的惩罚；有人从帮助他人的行动中获得快乐，有人则性情冷漠，对除自己以外的人和事毫不关心。

近年来，佛系人生突然火成了一种生存哲学。佛系人生主张生命是一场修行，快乐也是一场修行。快乐可以很简单，快乐就是内心的平静，是一种境界，一种心态，一种宽容、奉献、平和的生活态度。只要自己认定，没有什么事情可以损害我们的快乐。“春有百花秋有月，夏有凉风冬有雪；若无闲事挂心头，便是人间好时节！”这是佛系人生哲学主张的简单的快乐！

从生活中发现快乐源泉，也是佛系人生的主张。枝头上含苞待放的花朵可以让人快乐；养一只可爱的小狗或猫咪，从做“铲屎官”的过程中也能得到快乐；去爱，去疯，去实现许久以来的理想，不管做什么事情，只要内心平和，就是快乐。

但物质主义者更愿意相信，快乐来自可见的物质、名声、地位和身份尊严。他们在名牌服饰、名车、豪宅中收获快乐，在他人的艳羡和夸赞中感觉快乐，在午夜梦回惊觉自己是一个亿万富翁时感受着快乐。物质主义者的对立面如虔诚的教徒，则把压抑、律己、修身、奉献作为快乐，把肉体上的不快乐甚至痛苦视作心灵快乐的源泉。

罗曼·罗兰在《约翰·克利斯朵夫》里写道：“唯有创造才是快乐。”看，大作家定义的快乐也是片面而私人化的。克利斯朵夫是一位音乐家，创作是他的立身之本，是他获得灵魂自由的重要途径，也是他的快乐源泉。可是，这一条“快乐定义”并不适用于所有人。对那些没有精神追求、懒于创造，同时缺乏创造力的人来说，努力从创造中获得快乐，反而是自找麻烦、自寻烦恼。

说来说去，快乐是什么？简单地说，当内心需求获得满足时，人就会体验到快乐的感觉。由此说来，快乐变得非常个人化，你之蜜糖，我之砒霜，快乐是因人而异的。

当然，快乐并非完全没有共性。对大多数人来说，需求获得满足的快乐是最直接、简单的，不需要复杂的心理过程和外部环境，快乐因饿了有东西吃，冷了有衣服穿而自然发生。心理学家马斯洛提出了人的五个需要层次，按照从低级到高级分别是生理需要、安全需要、归属与爱的需要、尊重的需要、自我实现的需要。世界上真正能达到自我实现需要层次的人少之又少，大多数人停留在前四个阶段，以获取不同程度的需要满足来体验快乐。

吃喝拉撒、生殖繁衍的满足是最低层级的，这是人类和动物的一致需求。人类生存和繁衍的本能要求最低限度地满足生理上的需要，所以当遇到饥荒战乱的年代，人们能吃饱穿暖，平平安安地活下去，已经是最大的快乐。而到了和平年代，或者经济环境、社会环境良好的年代，生理需要则变成了基础条件，是满足其他层次需要、体验更高级快乐的大前提。

在寓言故事里，快乐通常不具有复杂的成分，是一件简单易得的事情，请看下面这个“寻找快乐”的故事。

有一群年轻人，他们四处寻找快乐，没想到一路走来，快乐没有找到，烦恼、忧愁和痛苦倒是不少。好在，这群年轻人和大哲学家苏格拉底生活在同一个时代，于是他们去找苏格拉底，问他：“快乐究竟在哪里？我们苦心寻找，为什么就是见不到它的影子？”苏格拉底没说什么，只叫年轻人帮他造一艘船。虽然这个要求有些让人摸不着头脑，年轻人还是听了苏格拉底的话，把寻找快乐这件事暂时放在一边，着手造船了。

这些年轻人用了很长时间，把一棵大树的树心掏空了，终于造成了一艘独木舟。造船成功，年轻人把苏格拉底请上了船，一群人划着双桨唱着歌，好不快乐！这个时候，苏格拉底问道："年轻人，现在你们觉得快乐吗？”

“快乐，我们快乐极了！”众人回答道。

听到满意的答案，苏格拉底说道："快乐就是这样，当你专注地做一件事，无暇他顾时，快乐自然就会来到你的身旁。"

看完这篇寓言故事，你认为获得快乐的方法是什么？

答案稍后公布，我们先来看另外一篇寓言故事。

从前有一个国王，他特别疼爱王子。可能是幸福来得太容易了，王子非但不知足，反而整日郁郁寡欢，他站在阳台上仰望着天空，内心道："我为什么如此不快乐？”

国王看见王子不开心，焦急地问道："儿子啊，你这是怎么了，难道你还缺什么吗？”

过了半晌，王子慢悠悠地回答说："父王，我也不知道怎么回事，就是没什么值得开心的事情。"

因为担忧王子的心理状况，国王绞尽脑汁，安排他看戏、开舞会、办音乐会，可是不见效果。没有办法，国王只好请来国内所有有学问的人，哲学家、神学家、法学家，个个轮番上阵，一起讨论让王子变快乐的方案。最终，这些人想出了一个点子，对国王说："陛下，我们应该去找一个真正快乐的人，然后把他的衬衫和王子的衬衫交换，这样的话，王子一定会变得快乐起来！”

于是国王派人遍寻各处，却始终找不到一个真正快乐的人。直到有一天，他在乡村看到了一个摘葡萄的小伙子，那小伙子手上干着活，嘴里哼着歌，一脸快乐的模样。国王上前问小伙子，说：“你为什么这么开心？”

“陛下，因为我觉得我现在的生活很快乐，我也很满足。”小伙子回答道。

“那你愿意随我去皇宫里生活吗？”国王问。

“不，我一点也不想去，就是让我做皇子我也不愿意。”小伙子诚实地说。

国王庆幸自己终于找到了一个快乐的人，他的王子有救了。他对摘葡萄的小伙子说：“年轻人，你可以帮我一个忙吗？”

“陛下，只要我能做到，我会全力以赴的。”小伙子一脸诚恳地说。

“可以把你的衬衫送给我吗？我愿意还你十倍的华服。”国王说。

小伙子有点困惑，一脸无奈道：“陛下，可是我没有衬衫啊！”

国王恍然大悟，原来……

请问，国王明白了什么道理呢？

故事讲完了，你在期待标准答案吗？

比如，第一个故事里获得快乐的方法是专注地投入，而不是盲目地寻找。第二个故事里国王恍然大悟：快乐来自内心的感受，而不是外部的条件。

或者，第一个故事里的快乐不一定来自一件具有伟大意义的事情，快乐有时存在于简单重复甚至令你辛苦的事情中。第二个故事国王恍然大悟，快乐并非他人能够给予的，更不可能长在衬衫上，而是存在于人的心里。

其实没有什么标准答案。快乐也是如此，每个人的内心感受不同，答案也各不相同，最关键的是，这个答案只需要对你负责，对你一个人有意义就足够了。

说一句泼冷水的话，当所有人都喜欢问你快乐吗，你为什么不快乐时，这也不见得是好事情。时下流行的“积极文化”强迫每个人保持快乐的心情，这其实是对快乐的一个误解。职场培训师总会告诉我们怎样停止担忧，心灵鸡汤式的书籍常常提供各种建议，教我们如何保持快乐的心境，怎样制造幸福……这就是传说中的“积极情绪的阴暗面”，具体我们在后文会继续讨论。

❖ 愤怒的小鸟——你为什么生气

办公室的午餐茶话会，杨姐如常讲起她十岁的儿子强强。

强强今年读四年级，比较贪玩，一疯起来就忘记时间，放学回家也是要先玩一会儿才能开始写作业。好在强强成绩还凑合，在班级里算中等生，杨姐并没有过多操心。近来，杨姐却遇到了一个非常头疼的问题。不知道从什么时候开始，强强总是气冲冲的，动不动就发脾气，只要稍有不顺心的事，他就拿玩具或手边的东西出气。

平时小打小闹的，杨姐没有放在心上，最近则出了一件比较严重的事情。上个学期期末考试，强强没有考好，杨姐想着照顾他的情绪，没有说他什么。假期里，强强没有报补习班，整天玩他的吉他，可一个月之后，他的吉他考级也没有考过，杨姐忍了两天，依然没有说他什么。她知道强强的脾气，训他五分钟，他能罢工一整天，不看书也不写作业，躲房间里摔东西，到时候还是她着急。杨姐顺着他，她老公却看不得孩子整天没心没肺地玩，狠狠地给了他一通教训。不出所料，强强回房间后把他的吉他摔个粉碎，说他以后再也不学吉他、不考级了。

此后，强强的坏脾气一发不可收拾。考试没考好，他就把试卷撕烂，怨老师净出些怪题、偏题，弄得他答不出来；表哥教他学自行车，不小心害他摔了一跤，他不仅跟表哥生气，还跟自行车生气，把自行车车条都踢弯了。昨天晚上，杨姐手忙脚乱地把菜烧煳了，强强又开始耍脾气。这一次，杨姐没有客气，狠狠地批评了他。事后，杨姐也有些后悔，生怕她话说重了，给孩子留下心理阴影就不好了。

午饭过后，杨姐跟同事们来了一通自我检讨，杨姐决定下班之后去超市买排骨，做她儿子最爱吃的红烧排骨。没承想，杨姐第二天又带着一肚子火气来上班。原来，她好心好意带着排骨回家，一进门就被强强一顿数落。强强怪她没有提醒自己带手工课的作业，下午上手工课，老师在讲评同学们的作业，只有他手里什么都没有，像个傻子似的坐着。杨姐没忍住火气，又把他训了一通。

“骂完就后悔，可当时那个状况，真是一分钟都忍不下去了。我真是想不明白，我们做父母的，帮他指出缺点，总是为他好不是。不管我好说歹说，他永远都有理由，和我大喊大叫的，气得我恨不得给他两巴掌。”杨姐无奈道。

杨姐的话题引来了隔壁办公室的王姐，王姐家里也有一个“熊孩子”，年纪和强强差不多，今年读三年级。王姐站在门口道：“杨姐，你知足吧，我们家那个更难搞，一言不合就在地上撒泼，跟愤怒的小鸟似的，说爆炸就爆炸，可有破坏力了！”

“这么严重呢？”

“可不是！我最近特别犯愁，这孩子要是这么下去，我都不知道怎么办了。关键是，我越是发脾气，他越是叛逆，就是跟你拧着来，根本停不下来，又是哭又是闹，搞得我现在见到他脸色不好都肝儿颤，生怕他一会儿又发作！”

“是呀，是呀，我也是这种感觉。现在在我们家我儿子是大爷，我和他爸得整天看他脸色过日子！”

“杨姐你说吧，我和我老公性格都挺温和的，也没有暴力倾向，家里看电视，我都给他过滤一遍，有暴力内容的动画片我都不让他看。可我儿子就是莫名其妙地暴躁，昨天晚上我们还说这事儿呢，我老公说，可能是隐性基因，负负得正，到我儿子那儿变显性了！”

“负负得正，你老公可真能想！”杨姐笑着道，“我家也是这样啊，除了他爸偶尔训他几句，我基本都是跟我儿子讲道理，但是好像也没什么用。”

像杨姐、王姐这样的父母有很多，他们苦恼于孩子的脾气越来越大，又急又气，却不知道如何解决。很多时候，父母为易怒的孩子头疼，苦思无果，找不到原因，更找不到解决办法，是因为父母没有更好地了解“愤怒”这种情绪。

愤怒不可避免地出现在日常生活中，同事因为意见不同而发生争执，脸红脖子粗地吵一通，体验到的情绪就是愤怒；一段感情不知不觉走到了终点，彼此对对方都有很多埋怨，一言不合就吵架，分分钟怒气爆棚，这种情绪也包含愤怒，但比愤怒更复杂。日常中的琐事，如起个大早却没赶上班车，坐地铁遇到咸猪手，买菜被小贩以次充好，考不好还要被老师、父母轮番教训……这些小事都会让愤怒不期而至。人的情绪常在惊讶、愤怒、喜悦、厌恶等不同类别里不断切换，更多的时候，则是多种情绪混合相伴，连自己都搞不清楚。

愤怒是人类的基本情绪之一，遭遇挫折或伤害时，人会产生愤怒情绪。人的愤怒情绪在婴儿阶段已经出现。这个时候，婴儿的需求停留在生理需求上，如果吃、喝、睡、温暖、安全没有得到保障，孩子就会表现出愤怒情绪。

六个月以前的婴儿，如果因为饥饿而哭泣，却没有唤来养育者（通常是妈妈）的关注，孩子会用吐奶、昏睡或长时间、高频率的哭泣表达愤怒。到了幼儿阶段，孩子对养育者变得既依赖又想独立，这个时候，孩子会体验到恐惧、软弱、孤独，对自身和外界的无力感让孩子时常气呼呼的，其实他们是在用愤怒的方式进行心理防御，而他们发脾气的对象通常都是妈妈，那个他们觉得最亲密、最安全的人。

到了成年阶段，人普遍能够控制情绪，绝对不会因为睡一觉起来看不到妈妈，吃饭时菜烧煳了，或者没有人陪伴而发脾气。但这不代表成年人就不会愤怒，相比之下，成年人更容易愤怒！看看那些路怒症患者，一次堵车就能让他们血压上升、狂爆粗口。成年人并没有想象中那么理智。

当然，成年人的愤怒阈限变高了，不只是因为个体的心智成熟了，能够合理地表达情绪，控制情绪，还有一个是文化上的原因，让成年人尽可能和愤怒保持距离，即大多数人接受的教育都强调，愤怒是一种可怕的情绪，是应该被禁止的。因为愤怒情绪的外部表现非常激烈，具有极大的破坏力。于是，成年人努力控制自己的情绪，尽量不愤怒或者不表露出愤怒的一面，这样的成年人理所当然不喜欢易怒的孩子。

回到案例中杨姐和王姐的困扰。儿童的愤怒情绪其实是他们正常情绪中的一种。并不是说，成年人需要面对的状况繁多而复杂，所以他们更有愤怒的资格，孩子的世界虽然较成人世界单纯一些，但他们也会有产生愤怒的情况。比如，孩子在尝试独立地解决一些问题的时候，由于能力有限，很容易弄巧成拙；低年级的孩子，通常自我调控能力比较差，如果受到批评指责，就会乱发脾气；如果某一个孩子的自尊心特别强，又不可避免地做错事，即使没有大人的指责批评，他们也会发脾气。

此外，如果父母特别娇惯孩子，处处满足孩子的愿望，孩子会用发脾气的方式表达内心要求。这是一般的强化行为，如果一种行为发生后受到了赞扬和奖励，这种行为就很容易再次出现。孩子发脾气的时候，如果父母表现出顺从、忍让，实际上强化了孩子发脾气的行为。时间长了，孩子会觉得只要自己发脾气，就可以达到目的。

如果父母对孩子随意表达愤怒感到焦虑，首先要从教养方式上寻找症结。究竟是父母太过娇惯孩子，让孩子把发脾气当作“令箭”，还是过于严厉，让孩子无法合理表达情绪？此外，父母应该自省，自己有没有因为孩子的愤怒而触发自己的情绪开关，就像杨姐说的那样，“气得我恨不得给他两巴掌”，因为孩子的愤怒而引发父母控制或者说压抑许久的不满情绪。

长远来看，我们要在生活中努力寻找愤怒的答案，即我们为什么生气。孩子也好，成人也好，总是有内在或外在的因素引发特定的情绪，愤怒也是如此。我们是因为某件事而激发了情绪，如路怒，还是因为对一段关系的不满而爆发愤怒，如情侣、夫妻或同事之间的争执、争吵，或者是因为内在需求与外在条件的不平衡而爆发愤怒情绪，如一个心怀伟大理想却受困于贫贱生活的人常常将愤怒的矛头指向自身。具体的愤怒原因会更复杂，没办法条分缕析地解释清楚，需要我们带着智慧和勇气一起面对。

更重要的是，我们要了解愤怒的意义。愤怒是有意义的吗？当然！悲伤、愤怒、恐惧，这些常常被看作是不好的而被试图控制的情绪，都有各自的意义。愤怒和悲伤、恐惧一样，都是一种适应性的情绪，是内心的一个信号，愤怒情绪的出现提醒我们，他人可能越界侵犯到你的“领地”，这个领地包括尊重、安全、归属和爱等。愤怒的出现，让我们更了解自己的底线和边界。

对孩子来说，他们很容易用愤怒划出界限。比如，一个被妈妈没收了玩具的孩子，他会用力打翻所有的玩具，在地上哭着打滚，哭到声嘶力竭。待他的情绪暴风雨过去，妈妈问他，你为什么反应那么激烈？他会说，那是好朋友送给他的玩具，妈妈不应该未征得他的同意就抢走，他很生气。这种情况很少出现在成年人的世界里，总不能说，老板克扣薪水，导师退回论文，我们就撒泼打滚，痛哭流涕吧。

成年人的愤怒会从不同的方向寻找出口，有人性格直爽，脾气火暴，感到愤怒就会直接爆发，吵架、打架都没怕的；有的人则性格胆小、懦弱，不敢与人发生正面冲突，他们的愤怒化作被动攻击行为，像暗器“嗖嗖”地飞向四面八方，伤人于无形。

了解愤怒是深刻的自我觉察。愤怒提醒着那些表面或内里、短暂或长久的内在需求。觉察是改变的开始，体验愤怒，察觉愤怒背后的真实心理，了解哪些被压抑了，哪些被剥夺了，认识愤怒之下那个真实的自己！

❖ 不可回避的悲伤——不开心的真相

快乐是由需要的满足引起的，那么悲伤呢？一般认为，悲伤由分离、丧失和失败引起。在人类的基本情绪中，悲伤是最早出现，也是最早被认识的一种。

在整体文化氛围趋向于营造快乐和幸福的时代背景下，悲伤这种情绪常常被看作不好的、负面的情绪体验，在生活中时常遭到忽视和贬低。不论是短暂的悲伤，还是持久的悲伤，都会被看作不同程度上的心理失调。媒体、广告和商家也乐于放大这种错误的认知，将悲伤贴上这样或那样的标签。可是，在正常的情绪中，暂时和持久的悲伤都是重要的组成部分。在某种程度上，悲伤是一种高级的情绪，是人类精神领域里具有净化能力的情绪体验。

追溯人类建立文明以来的艺术成就，永远绕不过古希腊悲剧。古希腊悲剧用不可逆转的命运悲剧实现了对观众的心灵净化。在古希腊悲剧中，占据优势的是关于命运、宿命和人生界限的讨论。悲剧的本质，是人生苦难与命运无常的真相。人存活于世，无常和苦难是不可逃避的命运，是俗世之人无法掌握、无法预测和不可抗拒的。古希腊神话中，人的存在本身就是悲剧性的、令人悲伤的。

弥达斯国王抓住了酒神的养育者和老师精灵西勒诺斯，他逼问西勒诺斯道：“对人来说，什么东西是最好的？”

西勒诺斯沉默以对。

弥达斯国王抓着西勒诺斯的脖子，不停逼问，西勒诺斯回答道：“那最好的东西是你根本得不到的，这就是不要降生、不要存在，成为虚无。不过，对于你还有次好的东西——立刻就死！”

听起来，这不是悲伤，而是绝望了。如果人类照西勒诺斯说的那样做，也就不会有几千年的人类文明了。人类不肯屈服于无法逃避的命运，凭借意志和勇气对抗命运，不断尝试摆脱命运对自身的支配和掌控，于是，有了一出又一出的古希腊悲剧，一次又一次可歌可泣的命运抗争。而在其他领域，如贝多芬的交响曲、陀思妥耶夫斯基的小说，也都是从悲剧性中寻找艺术的最高造诣。

在艺术世界之外，当我们遇到不幸的事情时，在经历了正常的反应过程之后会度过悲伤的不同阶段。人们应对悲伤处境需要经历的阶段，有的观点认为需要五个，有的观点认为需要七个，我们且看看这漫长的七个阶段都有哪些。

人们在经历痛苦或突发负面事件时，会经历震惊和否认，痛苦和内疚，愤怒和许愿，消沉、回忆、孤独，好转，重建和恢复，接受和希望这七个重要的阶段。由于悲伤情境不同，以及存在个体差异，每个人在各个阶段停留的时间也不一致。下面，我们结合一个具体案例分析悲伤的不同阶段的情绪和行为表现。

1. 震惊和否认

听到不幸的消息，我们首先会感到震惊，继而在某种程度上否认事实，以逃避内心的痛苦。否认是心理防御机制的一种，当我们的心理受到强烈的感情冲撞时，否认可以起到保护的作用，使人不至于瞬间被悲伤情绪淹没。

接到三哥的电话时，宝娜在第二教学楼上课。虽然她有预感，一定是关于她爸爸的消息，没想到事实比她想象中更糟糕。电话那头的三哥说："你赶紧买票，咱爸快不行了。"放下电话，宝娜立刻收拾东西前往火车站。一路上，她都在安慰自己说："没事的，没事的，三年来，这种电话我接了不下五次，每次都是虚惊一场，估计这次也会没事！"坐了四个小时的长途车，宝娜终于回到老家。走进医院大门，她还在自言自语道："我爸一向命大，说不定这次还能抢救过来。"当她抵达病房时，见所有亲戚都站在门口，眼前的景象告诉她，没有奇迹了，这一次，爸爸真的离开了。

2. 痛苦和内疚

接受现实之后，取而代之的便是无尽的痛苦和内疚。这是最难承受的精神折磨，而且世界上没有人能帮我们承担。除了面对和承受，不能逃避，不能隐藏。

在爸爸的灵位前，宝娜哭晕了好几次。醒过来，她如行尸走肉般跟着妈妈、姐姐处理葬礼的事情。她知道，这些事情除了她自己，没有人能替她做。每次提起爸爸的病，宝娜总是忍不住掉眼泪，连着几天，她都怪自己整天忙着工作，没有多抽些时间陪爸爸。每次她请假回家，都是行色匆匆，见爸爸病情稳定就回去上班。她一直想着"以后有的是机会"，正是这心存侥幸的念头，让她错过了和爸爸说最后一句话的机会。

3. 愤怒和许愿

渐渐地，痛苦、懊恼被愤怒取代，压抑心头的情绪也将发泄出来。愤怒可能指向身边的人，也可能是指向世事无常，指向命运。总之，这个阶段承受痛苦的人非常容易随意发泄愤怒。

葬礼之后，姐姐很快回到她的城市，她家里有一摊生意等着照料。

宝娜留在家里陪伴妈妈。渐渐地，两人从互相安慰变成了互相埋怨，宝娜怨妈妈没有早点通知她，妈妈则怨她整日就知道工作，一年到头也见不到几次。两人终于大吵了一架，吵得天翻地覆，哭得鼻涕一把眼泪一把。几天后，她们在互相道歉中和好。这一次争吵中的互相了解让宝娜彻底下定决心，她一定要把妈妈接到身边，和她一起生活。

4. 消沉、回忆、孤独

悲伤未去，生活却要回到正轨。可是，内心的翻江倒海并不会因为表面的正常而真正恢复平静。在承受巨大的悲痛情绪，尤其是面对亲人去世、失恋等情感痛苦时，在未来的很长时间里，悲伤的回忆会像空气一样包围自己。即使身边有朋友、亲人的鼓励和安慰，个中滋味还是得自己承受。

回到学校，宝娜如常上班、下班、加班。起初，她老公每天小心翼翼地招呼她，处处让着她，生怕哪句话说错又惹她伤心。同事们也轮番安慰她。慢慢地，大家都开始忙自己的事情，不再下意识地把她的情绪放在第一位。别人可以过去，她自己却过不去。宝娜每天都忍不住想起小时候的事情，想起她曾经和爸爸一起旅行，想起一家人出去旅行，爸爸背她过河……每每想到这些，她就会忍不住哭起来。

5. 好转

一段时间后，真正适应了巨变后的生活，人们在情绪上逐渐恢复冷静，身体上的痛苦慢慢减轻，生活也开始有条不紊起来。

自从爸爸去世后，宝娜的偏头痛越来越严重。不管工作忙不忙，她只要一回到课堂上，头痛就开始发作。有几次，她实在坚持不下去，只好找同事帮她代课。这种情况持续了半年。入秋之后，新学期开始，宝娜的偏头痛仍然持续，但不至于需要靠打针坚持上班了。

6. 重建和恢复

生活逐渐恢复正常，人们能够冷静地看待曾经经历的一切。对于遗留下来的现实问题，如财务、人际关系等，也能够寻求行之有效的解决方法。

爸爸一周年忌日后，宝娜整理了一下自己的情绪。她问自己，究竟如何才能过开心幸福的生活，即使不可能回到她原本“嘻嘻哈哈”的状态，至少可以让她不再沉浸在悲伤的情绪中。后来，她把妈妈接到了身边，时常陪她晨练、买菜、逛街、看戏，看着妈妈渐渐开心起来，宝娜的心情也好了很多。她相信，如果爸爸在天有灵，一定希望看到她们母女开开心心地生活下去，她要把对爸爸的歉疚都补偿在妈妈的身上。

7. 接受和希望

到了这个阶段，当事人学会了面对和接受。当然，接受现实和对未来抱有希望并不意味着悲伤情绪彻底消失，也不是说强迫自己马上快乐起来。人不可能在经历痛苦之后重新回到过去，继续做从前的自己，但是至少可以开始寻找前进的方向，为未来的生活做计划，并且心怀憧憬。

妈妈在宝娜身边生活的一年，宝娜的生活节奏彻底变了模样。有老公、女儿和妈妈，一家四口，宝娜渐渐把生活重点放在了家里。工作是永远做不完的，没有她，她的学生也不会怎样；没有她卖命地加班，学校也不会就此运转不下去。想通之后，宝娜把心思都放在家庭生活上。休息日里，她不是陪女儿上舞蹈班，就是陪妈妈看戏，偶尔和老公悄悄地过一个二人世界。她重新找到了家庭的温暖，她相信这是她无论当选多少次优秀教师都换不来的平淡幸福。

❖ 人为什么会害怕——恐惧本质

爱狗一族无论如何都想不明白，小狗那么可爱，那么聪明、机灵又讨人喜欢，怎么会有人怕狗呢？但世界上就是有怕狗的人啊，如许欢的室友雨寒。

许欢初次得知雨寒怕狗，是在她们成为室友后的两个月。有一天，许欢和雨寒约好一起去看电影，好不容易等来了电梯，里面有一个小男孩牵着一条金毛犬。雨寒见状，犹豫着道："要不你先下去吧，我坐下一趟。"

"这会儿人多，下一趟不知道要等到什么时候，我们已经快迟到了。"

雨寒勉强跟上，躲在角落里瑟瑟发抖。男孩见状，无奈道："别看它个子大，但很温顺，不咬人的。"

雨寒无奈地解释道："我怕狗，咬不咬人我都害怕，多小多萌的狗都不行。"

从十五楼下到一楼，雨寒站在最里面的角落一动没动。直到男孩拉着金毛犬出了电梯，走出很远，她才惊魂未定地走出电梯。

许欢惊讶道："你这么怕狗？"对于雨寒不寻常的反应，许欢甚是意外。鉴于雨寒平日里的浮夸风格，许欢更觉得她有些反应过激，略显做作。

"对呀，我从小就怕狗。"

"你被狗咬过吗，有童年阴影？"

"那倒没有，就是怕！"

听雨寒这么一说，许欢更觉得她做作了。毫无缘由的，怎么就怕狗了？她甚至觉得，电梯里的那一幕，百分之七八十有演戏的成分。

偏偏她们看完了电影，回家的路上又碰上了狗。那会儿恰好是傍晚遛狗的高峰，太阳下山，天气凉爽，人们出门溜达，狗狗也跟着一起。路上，他们碰见了一位牵着两只大黑狗的中年大叔，雨寒离他十米左右，但还是不敢走过去，直到两只黑狗走远，她还紧紧拉着许欢的手。

去超市时，一个女孩牵着一只秋田犬在结账，狗狗慢慢靠近了雨寒的小腿，她“哇”的一声叫了出来，道：“不要靠近我，不要靠近我！”

狗主人抱起了小狗，不悦道：“麻烦你小点儿声好不好，吓到我家宝宝了！”

“麻烦你看好自己的狗，它还吓到我了呢！”雨寒反驳道。

见气氛紧张，许欢劝着两边，赶紧拉着雨寒离开。

“你真的那么怕狗啊？”许欢见她脸色苍白，连忙问道。

“不然呢，我闲得无聊在这里演戏啊。”

“看你那么浮夸的反应，确实挺像演戏的。”许欢坏笑道。

“浮夸？有点良心好不好，我都要吓死了！”过了一会儿，雨寒补充道：“你要是觉得我矫情，随便你好了。反正我是看不出狗有什么乖巧可爱的地方，我见到狗就发抖。”

看她的样子，不像是装的。许欢想到她以前认识的一个同学，也是害怕狗，但他是因为小时候被狗追着咬过，还咬了两次。后来，他女朋友特别喜欢宠物，逼着他养了一条萨摩耶，结果他被天生长着微笑脸的萨摩耶给治愈了，不仅不怕狗，还能和狗睡在一起。

讲完同学的故事，见雨寒似乎没有领会她的意图，许欢道：“你会不会是因为怕被狗咬，才这么害怕的？”

“不知道。我也不知道为什么，反正就是怕，从小就怕。只要看见狗，不管大的小的，凶的萌的，在我眼里都是一样的。我恨不得让它们离我十丈远。”

“那猫呢，猫你也害怕？”

“猫还好，但也谈不上喜欢。小动物我都不喜欢。”

一般情况下，怕狗的人，其实怕的是狂犬病，即害怕被狗咬后自己会得狂犬病。狂犬病是很可怕的病，一旦感染，死亡率几乎百分之百。被狗咬之后，人们通常会注射狂犬病疫苗，但是疫苗并不能保证不会发病。雨寒说她不曾有过被狗咬或被狗追的经历，可是她又是那么怕狗，一时间，许欢找不出雨寒怕狗的原因，但是她相信雨寒并不是演戏，而是真的恐惧。

怕狗之“怕”，在心理学中就是恐惧情绪。恐惧是指人们在面临某种危险情境、企图摆脱而又无能为力时所产生的一种强烈的情绪体验。比如，当我们面对威胁自身生命安全的情境时，像地震、火灾、绑架、抢劫等，恐惧感会充盈整个大脑，支配身心活动。在其他并不一定威胁生命安全的情境下，人也会体验到恐惧。因为，所谓的某一情境是否令人恐惧，取决于个体的主观判断以及个体是否具有处理或摆脱这种情境的能力。地震、爆炸、楼房失火等情境令人陷入恐怖和绝望，是因为人在面对这种巨大的灾难时往往无能为力。但是，一条狗、一只毛毛虫，或者是暗巷里的路人，这些并不恐怖的事物或情境同样让人觉得害怕，这只能说是个体差异所致。

人为什么会害怕呢？我们先来看一下令人感到恐惧的动物有哪些。根据某项调查，令人感到恐惧的动物有蛇、蜘蛛、鳄鱼、狮子、老鼠、臭鼬、大猩猩、犀牛、河马、老虎。这些动物外形各异，杀伤力也高低不一，但是他们有一个共同的重要特征：危险。拿蛇来说，蛇总是给人一种莫名的恐怖感，有的人仅仅看见蛇的照片就会感到恐惧。听起来，这是一种本能的恐惧。

的确，人的恐惧情绪，有一部分是本能的，如对蛇的恐惧。人类祖先在原始社会阶段的天敌之一就是蛇。因为蛇不同于老虎、狮子，它非常隐秘，悄无声息地爬行在地面或树上，可以神不知鬼不觉地置人于死地。长期的进化让我们的祖先认识到蛇的可怕，并将对蛇的恐惧留在了基因中，形成了后代对蛇的天生恐惧。这种恐惧正是人类繁衍至今的条件之一，物竞天择，优胜劣汰，恐惧感起着警示作用，召示着趋利避害的生存之道。

同理，人类恐惧体形微小的虫子也是趋利避害的生存原则要求的。人类大脑对昆虫类的入侵有所警觉，加剧了对虫子的恐惧心理。当大脑将这种恐惧处理为警报信号时，人们会在行为上做出反应，如遮盖耳鼻，防止虫子入侵；与有毒害、威胁性强的虫子保持安全距离。

可以这样说，恐惧作为一种自我保护的机制，保护我们的祖先没有在进化中被淘汰。想象一下，一个从不恐惧的人，他会不自量力地挑战比他大、比他更有能力的人；在危险面前，缺乏恐惧感让人变得自大、自负、自不量力。在自然界，不恐惧的结果可能是死亡。现今社会，不恐惧则意味着无法自知，从而不得不面对失败。

在非洲大草原上，有一种胆大包天、从不知畏惧的动物——蜜獾，人送外号“平头哥”。“平头哥”胆子大、爱惹事、不怕事，不是在干架，就是在去干架的路上。“平头哥”的人生信条是看淡生死，不服就干，遇到狮子、蟒蛇、毒蛇都可以斗上一斗。

“平头哥”如此霸道是因为它有不需要恐惧的资本。非洲草原上的毒蛇，最毒者如黑曼巴，对“平头哥”来说，都不过是一根辣条而已。因为“平头哥”有消化毒液的能力，即使被眼镜蛇咬伤，昏睡两个小时后就满血复活了。狮子、野牛这样的大型动物，“平头哥”也从不放在眼里。曾经有一头狮子，挑衅地对“平头哥”吼了一嗓子，从此被它盯上，一直被纠缠到败退为止。

一般情况下，狮子想要杀死“平头哥”，至少需要两个小时，猎豹则需要三个小时，而且“平头哥”皮厚肉少，对大型食肉动物来说不是一顿美餐，因此很少有狮子肯花时间和它纠缠。狮子这方面的算计，助长了“平头哥”的胆量，使得它在亡命徒的道路上越走越远。当然，“平头哥”并不是战无不胜，由于多年来无所畏惧地四处打架，如今蜜獾种群已经是非洲草原上的濒危动物。

像蜜獾一样毫无畏惧的人在人群中是比较少见的，大多数人还是会在某些情境下感到恐惧，从而调整自己的行为。比如，那些怕狗的人，有的人因为曾经有过被狗追的经历，潜意识中产生了看见狗等于被狗追、被狗咬的条件反射，这种固定的认知形成了恐惧；有的人并未与狗发生过不愉快的接触，但是从小被灌输狗是危险的，狗身上有细菌，还可能咬人，导致狂犬病等观念。教育形成的固定认知也会带来恐惧。不管原因如何，因为对狗的恐惧，当事人就会为此调整行为，尽量远离狗出现的场合，与狗及狗主人保持距离……

有时候，恐惧的程度并不和事实情况相符，也就是说，现实中并不存在令人恐惧的情境，如狗很温顺，受过训练并不会咬人，但是恐惧情绪仍然存在。这也是恐惧情绪的特征之一，即恐惧本身与事实无关，恐惧只是潜意识发送出来的一个危险信号，它是主观的，可能是非现实的。最典型的例子就是怕鬼。很多人怕鬼，但是问他，鬼到底是什么？当事人并不能说清楚。他只会心惊胆战地描述“撞鬼”的情境：夜半时分，看见一个白衣黑发的鬼影，“嗖”地从墙角飘过去，吓得他整个人都瘫了。且不论撞鬼的人说的情境是否真实，这样的情境被大脑转化为简单的信息表达：恐惧！于是他感觉害怕，继而在行动上做出选择：迅速逃离。

当然，特别强烈的恐惧会让人无法成功逃离。因为陷入恐惧情绪中的个体，其生理机能会随之发生变化，心跳加速、心律不齐、呼吸短促或停顿、血压升高、脸色苍白、嘴唇颤抖、嘴巴发干、头冒冷汗、四肢无力等。长久的恐惧会引发持久的生理机能改变，长此以往甚至会出现身体疾病。此外，恐惧令人的知觉、记忆和思维过程发生障碍，失去寻常的判断和分析能力。比如，发生火灾时，人会因为情境的紧急和自身的恐惧变得慌乱、紧张、头脑空白，不知所措，所以才有那么多人为了躲避火灾而选择跳楼。如果换作平常时刻，当事人一定不会选择用跳楼的方式逃生。

❖ 哎呀妈呀，虫子——惊讶

东北话里，有一个词特别能够形象地形容我们的惊讶情绪，即“哎呀妈呀”。

女生走在路上，一低头看见毛毛虫在地上蠕动，吓得大叫一声：“哎呀妈呀，虫子！”

大人吓唬随便坐在地上的小孩子，道：“哎呀妈呀，儿子，快起来，虫子咬屁股了！”

夏天坐在户外乘凉，不小心被蚊子吸了血，跳起来道：“哎呀妈呀！看给我咬的大包，该死的蚊子！”

“哎呀妈呀！”

“哎呀妈呀！”

“哎呀妈呀”这四个字，不仅是日常用语，还是专业课题。在《浅谈东北方言中的“哎呀妈呀”》一文中，作者真诚细致地写道，“哎呀妈呀”在具体运用中多用来表示感叹和惊讶，或一种预料之外的情感。例如：“哎呀妈呀，吓死我了！”“哎呀妈呀，这大热天的，你咋来了？”“哎呀妈呀”表示惊讶，有点夸张的意味，直接而毫不犹豫地表达了自我内心的感受，因为事情出乎意料，所以语气强烈。可以这样说，“哎呀妈呀”是表达惊讶的最贴切也最接地气的一个日常用语。

在人的基本情绪中，惊讶情绪的停留时间最短暂，往往转瞬即逝。一组完整的惊讶反应，从开始到结束可能不超过一秒钟。想要捕捉惊讶的表情，必须瞪大眼睛，抓住对方在听到某一信息时的第一反应，否则你会什么都得不到。

现在有了先进的科技产品，我们不需要瞪大眼睛观察别人的惊讶表情了。高速摄像机可以捕捉到人的惊讶表情，并完成回放以供反复观看和研究。高速摄像机的成像结果告诉我们，人在惊讶时会做出一系列具有生物一致性的表情，如额头肌肉收缩紧绷，眼睑张开，瞳孔放大；鼻孔和嘴部稍微张开，并出现一次急促的吸气；身体轻微跳跃，胸腹不自觉地突然向上挺直。

进一步解释，额头收缩、眼睑放大都是为了瞳孔张开，张开后的瞳孔拥有更大视野、更高的视觉敏锐度，我们才能更全面地观察周围环境；鼻翼和嘴唇张开是为了吸气，而吸气是为下一步行动储备能量。此外，人在惊讶时，肢体做出的相应反应也是为了下一步行动：战斗或逃跑。就好像猫和狗在受到惊吓时会四肢伸直，身体轻微跳跃。人在受到惊吓时，身体也有轻微的跳跃反应，胸腹会不自觉地突然向上挺直。这些反应转瞬即逝，不过人们会用语言表达惊讶的心情，如："哎呀妈呀！""真的吗？""你确定？""竟然有这种事！"

除非令人惊讶的事情接踵而来，否则人会在表现出惊讶之后马上恢复平静或做出其他表情。生活中，很少出现持续惊讶的情况，你能想象"惊讶不断"的一天吗？比如这样：刚到办公室，你就感觉身体不舒服，想着和客户改约时间。五分钟之后，电话响了，客户那边的对接人说，他的老板临时有事，希望会议时间改到下星期。你放下电话，心中一阵窃喜。你的助理送来了一沓需要你确认的文件，道："刘哥那边出了纰漏，老大发火，要求所有文件重新确认。午饭之前完成。"送走了助理，你忍着难受低头工作，突然办公室的门被一把推开，一个同事惊慌失措地跑到你面前，对你说："哥，有一件事你一定要帮我！"送走了需要情感救助的同事，你到茶水间冲咖啡，听同事说，你们组上一次合作的客户偷税漏税被查，老板已经被抓起来了，还上了新闻头条。你端着咖啡回办公室，边走边消化着脑子里乱七八糟的信息，一抬头，发现你的老婆正站在办公室门口，虽然你们同公司，但她从来不来你的办公室的。晚上加班，送外卖的不是之前那个胖胖的小男生，换成了一个中年妇女，最重要的是，外卖的口味也变了。下班回家，你刚走到停车场，发现你的车门被刮了一条长长的痕迹，后视镜还少了一个……

人无法一直处在惊讶的情绪中，否则神经元就要保持兴奋，就像一台不停工作的机器，总有一天会坏掉的。一个惊讶之后再来一个，一天都在这种意料之外的情绪中度过，偶尔有这样一天尚且能忍，如果每天都持续如此，正常人也会疯掉的。因为，我们的大脑并不需要那么多的惊讶。

惊讶通常由两种情况诱发，一种是出现了未能预见的事，另一种是事情经过预测，但是预测失败。简单来说，就是意料之外，因为事情发生在意料之外，所以才会惊讶。这种意料之外，可能是好事，也可能是坏事，也可能不好不坏，只是意料之外的事。意想不到的突袭，在没有觉察的情形下眼前的东西被拿走，恶意的袭击，感情的突然爆发，这些都是引起惊讶的负面事件。这些出乎意料的事会让大脑异常兴奋，人也会本能地做好战斗的准备。相反，意外的生日庆祝、毫不知情的求婚以及中彩票等，这些意外事件就会被人喜欢，甚至期待。

意料之外的好事情让人在惊讶之外感受到更多的喜悦，突然而来的好消息、特意安排的聚会、来自远方的神秘礼物、买彩票中了五百万元大奖等，这些惊讶带来了好消息，惊讶传递了发自内心的满足。没有预期的好事情让我们更加快乐，同时让我们内心更加相信世界对我们是仁慈的。

相反，如果惊讶的是令人不愉快的事情则很容易造成惊慌或恐惧。其实，惊讶的生理学机制原本就是用于保护自己的，如达尔文说的那样，人在自然界中的惊讶一定是来自危险的事情，所以惊讶的表情是一种无意识的唤醒策略，和恐惧一样，提醒我们远离危险，进行自我保护。

生活中时常有些令人惊讶的小插曲，不失为琐碎日常的调剂。任何事情，把握尺度比较重要，像是向女友求婚点蜡烛烧掉了小树林、聚餐上恶作剧整惨老板这类惊讶变惊吓的事情，难免令人哭笑不得。不过有时候，现实生活就是比电影编剧有想象力，如孙小黄的结婚经历，根本就是直播版“当时我就震惊了”。

孙小黄年方二十四，已经在深圳打工五年。三年前，他在朋友聚会上认识了现在的女朋友孙盈盈。两个人的性格都闷闷的，不爱出门，也都不怎么讲话，所以他们在认识了一年多之后才真正开始恋爱。虽然恋爱谈得不温不火，却甜蜜持久，一转眼就一年多了。到了谈婚论嫁的年纪，他们也彼此认定了对方，孙小黄带着女朋友孙盈盈回了老家。接下来，他也去女方家里拜访。一切按部就班，就等着双方父母见面，挑结婚的日子，办订婚礼。

孙小黄的父母上门提亲，顺便办订婚礼。亲戚朋友都到场了，一番酒桌上的寒暄后，长辈们聊起了家常。闲聊中，盈盈的舅父发现，小黄的叔叔讲话的口音和他们家人很像，随口问起他是哪里人，小黄的叔叔也觉得盈盈的舅父似曾相识。双方一说起祖籍，原来他们是同村人，而且还是同族，都是村里的大户孙姓的分支。这么一来，热络的酒宴变得严肃起来。盈盈的舅父对小黄的叔叔道：“这事可不好办了，如果是近亲结婚，可是犯法的。”

“这个可说不准，咱们那个村姓孙的，说起来都是本家。”

“你们家那边，现在还有家谱吗？”

“有是有，不过在我大伯那里，他是长子长孙，家谱在他们家供着。”

“要查一查呀，近亲结婚可不行！”盈盈的大舅看着小黄，再一次无奈道。

听到“近亲结婚”这四个字，小黄和盈盈都非常惊讶，万万没想到，这种电视剧里的狗血故事竟然会发生在他们自己身上。想到这儿，两人的情绪都有些沮丧。眼看着好好的一场订婚没有办成，他们的婚礼也可能就此泡汤了。

好在，小黄的父母去保管族谱的大伯那里查到了盈盈家那一支，原来，他们的确是同村同族的亲戚，孙家的后人都离开了老家，四散各处。只不过，到了小黄和盈盈这一代，已经出了五服，算是远亲了。

折腾了几个来回，两家人都跟着受了一场惊吓，好在惊吓变惊喜，虚惊一场。他们的婚礼选了一个良辰吉日，两家人都感叹，他们才是有缘人，两个有血缘关系的家庭隔了一千多公里，因为他们的恋爱而重新相聚。

❖ 来自本能的反感——厌恶情绪

视觉、听觉、味觉、嗅觉、触觉这些感觉上的厌恶在生活中比较常见，比如，墙角爬出来一只蟑螂，你一定会眉头一紧，不拍死它决不罢休；街边暴死的老鼠尸体隐隐飘过来腐败的味道，你捂着鼻子远远地绕开，绝不上前；公交车上，若是有个大汉脱了鞋子抠脚，一定会成为众矢之的；软体动物通常都是令人觉得恶心的，毛毛虫、鼻涕虫、章鱼这些个家伙，单是想想就让人浑身不舒服。

人对自身产生的一些东西也会表现出厌恶，比如，呕吐物、粪便、尿、黏液、血液。心理学家曾经做过一个厌恶想象实验，让参与者想象自己吞咽唾液，或者真的咽下一口唾液，之后想象将唾液吐到杯子里，再将它喝下。实验证明，即使在唾液吐出仅仅一秒钟后，参与者也不愿意将唾液再吞下。即使是自己的身体产生的东西，一旦离开身体，我们也会觉得它很恶心。

理智告诉我们，臭脚丫子的味道虽然难闻，但是无害；人身上的唾液、血液、结痂、疤痕等，视觉冲击力大，但也是无害的。我们或许能够对当众抠脚的人做道德评判，却无法指出唾液、血液等有什么可厌恶之处。即便无法说出个所以然，我们内心对这些东西的厌恶感仍然无法抵挡，不可控制。人为什么会对某些人或事物表现出特别的厌恶呢？这是一个问题。

厌恶感是天生的还是后天习得的？任何情绪都有遗传的成分，遗传是种群进化过程中为个体能够成功存活而提前做的准备。心理学家发现，婴儿天生具有厌恶情绪。比如，给婴儿喂柠檬水，婴儿会表现出厌恶并把头转向一旁。对婴儿来说，他可能不懂得哪个好喝或哪个不好喝，但是柠檬的味道肯定不是他习惯的味道。母乳或奶粉，通常气味平淡，略微带些甜味，酸和苦的东西对婴儿来说意味着“非食物”。婴儿不知道酸或苦是否有毒，所以最保险的方式是完全拒绝，这是进化赋予的本能。

到了成年阶段，人们厌恶感染的伤口，无法忍受老鼠、蟑螂、垃圾、粪便，对传染病医院、火葬场等场所避之唯恐不及，皆是本能的延续。所有可能威胁健康的不洁之物、不洁之地，都在人们的厌恶范围内。厌恶引发人们的回避行为，从而实现自我保护。

在人类诞生之初，或者在卫生水平非常低的年代，人们根据以往存活的经验，对与疾病、死亡相关的环境产生厌恶情绪，或排斥，或抗拒，因为这些环境容易导致传染病，甚至个体的死亡。也是因为这样，人们开始喜爱清洁，厌恶脏臭。

可以说，厌恶感从某方面开启了人类的文明进程。当人类学会清洁并努力保持清洁之后，那些身体散发着难闻气味的个体，如口臭、体臭、随地吐痰、便溺的少数人就受到了多数人的约束，群居社会必须最大限度地保持环境清洁，降低健康隐患。打破规则的人会被群体厌恶，死性不改的人则会遭到彻底驱逐。

很显然，这些厌恶并不完全是由遗传决定的。厌恶和其他情绪一样，具有生物属性，同时也有文化属性，是一个先天遗传与后天习得共同组成的复杂组合。人们会对伤口流脓感到厌恶，因为那是健康不佳的表现，如果是传染病患者的伤口，更意味着触碰者有被感染的危险。但是，很难判断群体对文化现象的厌恶感。比如，整容流行的今天，有人对此嗤之以鼻，说是畸形审美，有人则赞美有加，乐于此道。再比如，酒桌文化是千百年来延续不绝的现象，同时也让有些人深感厌恶。由于立场不同，我们很难对文化现象形成一致的厌恶感。

更具体地说，厌恶感有时候来自放置位置的不适当。一碗从马桶里盛出来的水，哪怕被告知马桶已经被清洗过一万次，非常干净，人们仍会认为那水是脏的，绝对不会喝下去。人们厌恶来自马桶的水，并非水本身的不洁净，而是放置位置的不适当。

遗传因素决定我们本能地厌恶那些可能杀死我们的东西，但是后天习得决定人类在一些本不具有危险性的事物上加入了文化因素，从而对其产生厌恶情绪。以下有几种情境，试着区分一下，哪些是本能的厌恶，哪些是文化因素导致的厌恶：

1. 一只光秃秃的老猫在你的腿上蹭来蹭去；

2. 光脚踩一条鼻涕虫；

3. 和一个手指上满是伤疤的人握手；

4. 目睹黏稠的脓液从伤口流出来；

5. 一出门就踩到狗屎；

6. 小区里有一条疯狗到处乱窜；

7. 猫妈妈吃掉了刚出生的小猫。

厌恶感作为一种自我保护机制，让我们在喜欢某类人和厌恶某类人这个问题上做出本能选择。婴儿喜欢对他微笑的人，这样他会感觉舒服与安全；而那些面目凶狠的人，婴儿会自然地被他们吓哭，进而表现出厌恶感，如拒绝被他抱、大声哭泣。一旦加入文化因素，厌恶这个问题就变得复杂了。人们会带有偏见地厌恶满身都是文身的人，尤其面对文个花臂、后背文了一条龙的壮汉。

由于受文化因素的影响，厌恶感有时候会受到其他情绪的压抑。电影《千杯不醉》中，有着“千杯不醉”雅号的酒促女郎冯小敏在照顾醉酒的心仪男生米高时被问道，你为什么愿意照顾喝到呕吐的人？小敏回答说，你很喜欢那个人，你就不怕看见他吐。在照顾家人、爱人时，我们也常面对这样的情绪矛盾。呕吐物令人本能地反感，厌恶感让我们马上逃开，可是亲缘关系、情感关系却让我们的担心和关心压过了生理和心理上的厌恶感，让我们走过去主动帮忙。

在饮食方面，厌恶情绪的文化因素特别明显。中国美食向来为外国人向往，可也有一些食物在国人看起来寻常，但是无法被外国人接受。东北烧烤有一道菜叫“烤毛蛋”，至今仍然是东北地区大街小巷盛行的美食。可是，“烤毛蛋”在许多外国人眼中却是一道有些恶心的食物。此外，中国传统风味的蛋制品——松花蛋也无法被一些外国人接受，很多外国人都被松花蛋的黑色外表、奇特纹路以及特殊的口感打败了，松花蛋也成了来自中国的黑暗料理。

第二章

谁的表情亮了
——情绪的外部表现

这一章，我们来了解一下情绪的内涵。情绪的组成部分主要包括主观体验、外部表现和生理唤醒。主观体验和生理唤醒说起来有些复杂，外部表现则为众人熟悉，平日里，我们常见的表情就是情绪的外部表现。

微笑、哭泣、皱眉等属于面部表情；叉腰、双臂紧抱等身体姿态属于身体表情；说话时的高声或低声、语气的缓慢或急促属于语调表情。它们都是情绪的外部表现。

在人与人的交往中，三成信息通过语言传递，七成信息通过非语言手段，也就是表情、姿态、语调等传递。弗洛伊德说，没有人能够隐藏秘密，如果他的嘴唇不说话，他的指尖就会说话。在本章里，我们来逐一了解情绪的外部表现，包括面部表情、身体姿态、语调与身体动作等。你会发现，那些最不被注意的表情或动作往往反映出人们真实的情绪状态。

❖ 气得脸都绿了——面部表情

人们常说某某非常生气，“气得脸都绿了”。这肯定是夸张的说法。人愤怒到一定程度，脸色就会变绿，宛如草原上了脸？怎么可能呢！人们习惯这样说，可能是因为绿色和青色很接近，“气得脸都绿了”就是脸色发青的意思，由于实在太生气了，脸色发青，青筋暴起，这样说来似乎合理了许多。

平日里，人们的情绪相对稳定，平静的面部表情是最常见的，它代表内心没有较大的情绪变化，是一种平和安好的状态。情绪稳定，内心平静，人的面部肌肉呈现出松弛的状态，分布均匀，不会出现较大的变化。这种表情也是所有表情中持续时间最长的。

人在愤怒时，表情会变得非常狰狞，持续时间短而且易于辨认。皱着眉、噘着嘴、张大鼻孔，一看就是生气的样子。愤怒让人的双眉下压、紧皱，上眼睑剧烈提升，下眼睑紧绷，变成了“怒目而视”；嘴巴张大，上唇紧绷拉伸，露出牙齿，好像下一秒钟就会张嘴咬人一般；当人要做出攻击行为时，下巴会降低，鼻翼会提升，鼻孔还会扩张，保持呼吸道畅通。强烈的愤怒情绪还会让人发出吼叫声，如同野兽一般。

研究显示，人类在愤怒时，表情具有惊人的一致性，好像全人类共用一张脸一样，这张脸叫作“愤怒脸”。“愤怒脸”是人类在漫长的进化过程中形成的一种“生存技能”。当人做出愤怒的表情时，面部肌肉大量收缩，让人看起来更强壮。而且，“愤怒脸”也是威吓对手、保护自己的好方法。在动物界，“愤怒脸”会出现在发怒的狒狒身上，发怒的狒狒会龇牙咧嘴，露出犬齿，以示威胁。若是对方不识时务，下一秒就会遭到狒狒的无情攻击。

人在愤怒时的“愤怒脸”与狒狒有极大的相似之处，更不用说与世界其他国家、民族的人有多相像了。人类是高等动物，在“愤怒脸”之外，还会用其他行为，如骂脏话、打人、恐吓、威胁等方式表达愤怒，从而起到威慑对手、强大自我、维护利益的作用。比如，身体强壮的男性比身体弱的男性更容易愤怒，争吵、打架的次数更多。由于身体上的优势，他们在争吵和打架中获胜的概率更大，从而强化了他们在面对冲突时更倾向于用武力解决。

回到我们最初的话题，愤怒让人脸都变绿了。生气时，一时的脸色发青不是问题。可是，如果长期保持愤怒，势必导致肝脏功能发生异常。所以，为了我们的身体健康考虑，还是要学会控制自己愤怒的情绪。

❖ 脸红是为什么——害羞或紧张

“你不要这样地看着我，我的脸会变成红苹果”，这不是爱情电影中的精彩桥段吗？徐怀钰的这首《我是女生》，唱出了女生在面对恋爱时害羞带来的可爱感觉。喜欢的人从对面走来，目光锁定在你的身上，你突然面红耳赤，原本有一肚子想说的话，却一句都说不出来。这种血压升高、心跳加速的感觉，常常被认为是怦然心动，是爱情。可是，如果一个人不管见到什么人，心仪的对象也好，同事也好，或者素不相识的路人，都会这样“小鹿乱撞”，脸红得像猴子屁股，这就不是爱情可以简单解释的了。

明慧就是这样一个女生，一个漂亮的、害羞的、奇怪的、让人搞不明白的女生。二十出头的明慧，说话总是声音小小的，非常腼腆，除了和好朋友航航在一起时，她会比较放松，说话比较放得开，其他时候她的头都是低低的，几乎不发表意见。面对男孩子时，她更是害羞得面红耳赤，恨不得把头缩进外套里。她不但在路上碰见男生会低头，在学校里，就连同班的男同学也很少打交道，更别说交男朋友了。明慧说，她从来不敢抬头看男孩，怕对方对她有非分之想。

圣诞节时，航航拉着明慧去联谊，一个邻校的男生对明慧很有好感，航航自作主张，把明慧的电话给了对方。抗拒了一段时间后，明慧开始回对方的短信，渐渐地，两个人在电话里聊天也挺愉快的。可是只要一见面，明慧的脸就像个大苹果，吃一顿饭，她的脸会一直红着，浑身上下都不自在。航航起哄说：“这不正好说明你喜欢上他了！”明慧极力否认，此后她连对方的电话都不肯接了。

航航说："你这样害羞下去可不成，以后怎么找男朋友啊？"明慧并不觉得自己是一个害羞的人，她只是紧张，只要遇到陌生人，她都会尴尬得要死，紧张、脸红、手心出汗，她越是想要控制，越是没办法控制。恋爱没谈成，明慧沮丧了一阵子倒也没觉得怎样。到了毕业季，面对一轮又一轮的面试，明慧开始焦虑了。

秋招开始，到学校开宣讲会的单位有很多，可是明慧永远在第一轮面试就被刷下来。她的学科成绩很好，在校表现和社会实践都很丰富，可面对咄咄逼人的面试官，明慧说不上两句话就紧张得不行。连续失败三次，明慧似乎患上了面试恐惧症。一接到面试的电话，她就开始紧张，瑟瑟缩缩地到了面试现场，面试官还没开始提问，她就开始心慌、神情紧张、面部发热，虽然她知道问题的答案，却不敢抬头正视对方，更没办法自信满满地表现自己。

秋招过去，明慧一个工作邀请都没有得到，航航则已经签好了就业协议。放寒假之前的最后一次面试，明慧好不容易闯进了最终一轮，最后还是因为太过紧张而被刷掉，她无奈地抱怨道："为什么我总是这样呢？有些问题明明已经想好了，面试官一问我，我就蒙了，乱七八糟地回答一通，好不容易答完了，搞得我汗流浃背的，最后还是通不过。"

"要我说呀，你不用太在意那些问题，什么'你的职业规划是什么'，这类问题通常都是蒙人的，我猜 HR 自己都没有搞明白呢。"航航云淡风轻道。

"就算他们没有搞明白，这好歹是一个问题呀，我总是要回答的吧。"

"那你就能说多少说多少呗，说不上来就说'不好意思，人生充满变数，我只希望保证人生的大方向始终不变'，他又能怎么样？"

"这样也可以呀？你面试时就这么说的？"明慧诧异道。

“我没遇到过这么变态的面试官。不过，面试基本都大同小异的，大家都紧张，面试官自己也紧张呢。那种情况下，谁还能给他做一个五年计划的报告呀！紧张就紧张呗，脸红就红着，也没什么丢人的，实在不行，你就跟面试官说，我平时不是这样的，我实在太看重这次面试了，所以才会这么紧张。”

“那不是自暴短处？”

“实话实说呗，说不定面试官欣赏你的勇气，也欣赏你的态度，一高兴就录用你了。”

明慧觉得航航给她的建议不太靠谱，她决定买两本书，看看有什么法子能让她控制自己的紧张和脸红。她相信，只要自己不脸红，面试官的所有问题她都能回答完美。

脸红是一个暴露真实情绪的信号。人在感到尴尬、羞耻或害羞时，脸色会突然变红，严重者甚至会“脸红脖子粗”，好似猴子屁股一样显眼。人为什么会脸红呢？当人感到害怕或紧张时，血液会从肝脏回流到肌肉，瞳孔扩张，心跳加速，血压升高，皮肤迅速大量渗汗。相比人体的其他部位，面部特别容易受到快速变化的刺激。因为面部皮肤有很多毛细血管，脸颊的血管扩张时会更靠近皮肤表面，导致脸红。当你需要观察一个人的情绪变化时，看面部的颜色变化不失为一条捷径。

虽然说，脸红暴露了害羞、紧张或尴尬的情绪状态，但有时候，脸红也会带来一些好处。比如，脸红是一个致歉的信号。小孩子做错事，被大人教训两句，羞得满面通红，这时候脸红相当于发送了一个致歉的信号，默默地告诉对方，是我不对，我知道错了，我为自己做过的事情感到羞愧。脸红让人知道当事人已经认识到错误，从而平息怒火。

在社交场合，脸红的人会觉得特别难受，恨不得找个地缝钻进去，可是对其他人来说，脸红意味着重视、在乎、放在心上，反而能够增进人际关系。就像航航给明慧的建议一样，面试时对面试官说出真实的内心感受："我平时不是这样的，我实在太看重这次面试了，所以才会这么紧张。"且不论这句话的表述是否完全符合事实，但是这种表达的技巧和态度往往比一板一眼地回答问题更能打动面试官。

心理学家发现，当人对自己的糟糕或笨拙行为羞愧得面红耳赤时，通常会增进一段人际关系。这样的发现，是不是让容易脸红的人长舒一口气：原来脸红并非一无是处。

除了害羞、紧张或尴尬，当人在撒谎时，心理处在焦虑状态，脸也会不自觉地红起来——严格说来，尴尬和说谎都让人处于焦虑状态。这时候，人的道德底线发挥着监督的作用，撒谎逾越了道德底线，让人为自己的行为感到羞愧，心理承受不住这个压力，情绪变化就体现在了面部表情上。可是，世界之大，既存在撒一点小谎就脸红心跳、羞愧难当的人，也存在信口开河、谎话连篇却脸不红、心不跳的人。

俗话说，冰冻三尺，非一日之寒。罗马不是一日建成的，撒谎的功夫也不是一日练成的。一个满口谎言的成年人一定是从撒小谎的小孩子过来的。可以这样说，当人的谎言积少成多，由小变大，人们对说谎这种不道德的行为逐渐习惯甚至麻木，以至于身体不再做出反应，自然脸不红、心不跳。说谎能够引起的情绪变化越来越小，道德感越来越低，且不说脸红心跳这种受交感神经系统控制的生理变化，连大脑的反应也变得越来越不活跃。

举个简单的例子更容易说明白。当你第一次说谎时，你会感觉非常不好，内心受到无限的自我谴责，并且担忧被人追查而受到惩罚；当你第二次说谎时，你学会了为自己找借口；当你习惯了说谎以后，面对不愿说谎的人时说不定还会埋怨对方不知变通。

核磁共振成像技术为我们提供了扫描大脑的机会，心理学家在实验中发现，那些习惯说谎的参与者的杏仁核相对不那么活跃。杏仁核是大脑中处理负面情绪的相关区域。当杏仁核不活跃，作为谎言警报器的情绪唤起就无法实现，心跳加快、脸红、手心出汗等生理反应程度变小，因此他人也就无法完全通过情绪的外部表现判断一个人是否说谎。

❖ 凤辣子先声夺人——听的是语调

《红楼梦》中，作者曹雪芹在王熙凤身上的用笔分量超过了林黛玉，这位让人又爱又恨、又想见又想忘的人物，从一出场就给读者留下了特别的印象。王熙凤的出场方式叫“未见其人，先闻其声”。

王熙凤以先声夺人的方式向林黛玉展示了她的性格以及她在贾府中的地位。在贾母面前，所有人都不敢放肆，连大声喘气都不能，唯独王熙凤，不只前呼后拥，还这样肆无忌惮地高声喧哗，毫无遮拦。究竟她和其他人有什么不同呢？在后文中我们得知，王熙凤的性格非常张扬，锋芒毕露，因着贾母的宠爱与信任，她扮演着贾府大管家的角色，在贾府里左右逢源。任何人，不管姨娘、丫头，还是仆人、老妈子都要给她面子，所以她才敢如此放肆无礼，让初来乍到的林黛玉不敢小觑。

在生活中，我们也能根据“先声夺人”来判断一个人的性格以及某一时刻的情绪状态。除讲话的内容之外，语调是不可忽视的重要线索之一。比如，生日那天，你非常开心，情绪高涨，情不自禁地扯着大嗓门滔滔不绝地说话，如果对方听不明白你的话，你会故意抬高音量，希望别人听明白，理解你的心情。人在情绪激烈时，往往声音都是尖锐高亢的，不管是兴奋、愤怒，还是喜悦，神经的兴奋让人不自觉地放声说话，即使是平日里安静少言的人，在特别高兴的时候也会变得吵吵闹闹，语调升高。这个时候，语调的变化暗示情绪的起伏，同时起到吸引注意力的作用。

平常讲话时，每个人的语调都会随着情绪的变化而变化，因为听的人需要从起起伏伏的语调中了解说话者的情绪状态。人在情绪平稳的时候，声音温和舒缓；情绪急切的时候，人的声音会变得急促，词频变高。若是紧急情况，声音会出现破音或变得沙哑。

我们已经习惯了声音的韵律，习惯听抑扬顿挫的语调，习惯从语调的变化中获得他人的情绪信息。想象一下，如果我们讲话时语调一成不变，平平淡淡，没有波澜起伏，没有情绪变化，即便内容充实，也会像机器人讲话一样，在感染力、表现力方面大打折扣。最考验语言功力的公开演讲，更要发挥语调的功效，根据说话对象、演讲内容和环境因素综合考量，声音千变万化、抑扬顿挫，语速时快时慢、时高时低、起伏有致，如此才能营造生动有趣、富有感染力的演讲效果。

口音，某种程度上也是情绪的传输通道。很多人在工作中都会习惯使用普通话，不过人难免有情急的时候，很多人在生气、着急或不耐烦的时候，就会不自觉地说方言。

所以，人与人之间的交流，真正引人注意的不光是讲什么，还有讲话的方式。有研究显示，两个人的关系如何从说话时的语调就能判断出来。研究者利用一种计算机算法，处理了一百多对夫妻在历时两年的婚姻疗法课程中的对话，并追踪他们五年内的婚姻状态。这种算法能够分别处理人讲话时的语调、语速、音强和颤音等。这种算法的理论基础是，人与人之间的交流，超过一半的信息来自肢体语言，三成信息来自说话的语调和口吻，只有很少一部分信息是通过语言本身传达的。研究结果显示，说话的语气与婚姻质量之间存在对应关系。如果夫妻之间的沟通包含蔑视、批评和防御这类的负面情绪，久而久之，这样的沟通方式会对婚姻造成极大的负面影响。

许多夫妻习惯用贬损、嘲讽、咒骂的方式沟通，殊不知，人在愤怒、蔑视、怨恨时，声带拉紧，声音会变得尖利刺耳且具有攻击性，愉悦或放松时声带松弛，更容易表现得亲切、幽默、热情。与人交谈时，即使是夫妻、情侣这种亲密的人际关系，也应该留意自己的声调，因为说话的语调和要讲的内容一样重要。

然而，很多人只能听到别人的语调情绪，却听不到自己的。恋爱中的人最明显不过，在和恋人打电话时，没完没了的甜腻和温柔从声音中溢出来，那个语气、语调是多么柔软啊，那是连家人都没资格享受的特殊待遇，可当事人也许并未发觉自己在面对恋人和其他人时的区别。

如果感兴趣，有一个方法可以尝试，即用录音机把自己的声音记录下来，最好是日常与人沟通时的对话，录完之后再放出来听一听。很多人听到自己说话的口气时会非常惊讶，质疑道，这是我的声音吗？怎么会这么凶？很多妈妈都会惊诧，“我怎么会这样和我女儿说话，我明明很爱她呀”。甚至有的妈妈连孩子指出如“妈妈，你为什么这么大声”时还不自觉。有时候，我们总是对在乎的人太用力，太想强调那份关怀，所以才会失控地忘记自己的语调。

所谓“说话听声，锣鼓听音”，老祖宗早就告诉我们这个道理了。任何时候，不要仅仅关注语言本身，更要关心语言后面的真实情绪。

❖ 诚实的身体——小动作里有情绪

羽平自诩是精明能干的职场新女性，她头脑聪明，行动力强，不怕辛苦又踏实肯干。她的撒手锏便是察言观色，在一切人情往来中应对自如。可惜这一切，在遇到她的新老板之后化为了一个传说。

身在职场多年，羽平遇到过各种奇葩老板。有一种老板，早上大大夸赞一番方案A，下班之前，一切推翻重来，要求尽快拿出方案B，看着老板潇洒地下班，剩下她和项目组同事欲哭无泪，埋头继续加班；有一种老板，来得比谁都早，走得比谁都晚，无时无刻不在伏案工作，对人苛刻，步步紧逼，时间节点卡得分秒不差；还有一种老板，大事小事都要麻烦你，安排出差的行程、准备他老婆的生日礼物……势必做到人尽其用，毫不浪费。即使面对以上这些不同类型的老板，熬过三个月，羽平总是能慢慢摸出门道，见招拆招，轻松搞定。

然而这一次，她面对的向总，其难搞程度远远超过了自己的预期。向总个性内敛，平日里沉默寡言，脾气非常古怪，让人难以捉摸。基本上，事事都要顺着他的心情才行。心情好的时候，就算你不小心犯错，他也会大事化小，选择原谅；遇到他心情不好时，那就惨了，就算你尽力而为，也会被他鸡蛋里挑骨头。熬过了三个月，羽平被向总的不按套路出牌搞蒙了。她的老板究竟是一个什么性格的人？这不禁勾起她的斗志，要仔细探寻一番。

虽然向总喜怒无常，但他毕竟不是一头时时处于暴怒状态的狮子，偶尔也会有一些小动作，证明他心情不错，至少情绪平和，这是羽平和他谈工作的最佳时机。比如，向总每天早上是不吃早餐的，他习惯早上到办公室之后喝一杯特浓咖啡。只要见他安静地在座位上喝咖啡，跟他报告多糟糕的工作都不太容易被骂。而每天下班的时间，如果看见他一边挠头一边敲电脑，那一定就是他低血糖发作，看起来头顶好像盖着一片乌云似的，分分钟电闪雷鸣、大雨滂沱。这个时候，与其去汇报工作，不如悄悄地下班。

如果遇到有客户上门，谈了半个小时，客户离开了，向总却在办公室里走来走去，像困兽一样转圈圈，别以为他只是在思考，他其实已经炸毛了，怒火正蓄势待发，等待一个出气筒送上门。这个时候，千万不能去找他，否则不管对错，他一定会对着你歇斯底里地大叫大嚷，而且没完没了。虽然一切事情与员工无关，老板的盛怒也不是员工引起的，但撞到了枪口，“出气筒”只好低眉顺眼，自认倒霉。

摸清了老板情绪波动的规律，羽平突然发现，她终于开窍了，只要明白老板的这些小动作，她就能轻松搞定老板。而且，这些信息不仅帮她更好地处理了她和老板之间的关系，有时候，还能顺手帮一下搞不清状况的同事。比如，一定不能在他开完一场视频会议，正闭目养神时去招惹他；再比如，开项目会议时，如果你不想收到大大的白眼，最好言简意赅，在他看手表三次之前完成你的报告……

在向总身边熬过半年，好歹平安过关了。转正那天，向总签过文件后对她道：“看不出来，你还挺机灵的。”

羽平默默地在心里吐槽道：“遇上你这样的老板，不机灵点怎么好好工作啊！”她尴尬又不失礼貌地微笑道：“谢谢老大夸奖！”

“以后好好加油吧，我看好你哦！”

“谢谢老大，我一定不会辜负您的栽培和信任！”

在人际往来中，察言观色是基本的应对技巧。察言观色自然要从听人说话、察人情绪开始。言谈之中，人的情绪状态不自觉地显露，面部表情、语音语调和身体姿态能让我们窥测到他人的情绪世界，一些不经意的小动作也会成为出卖情绪的线索。

不仅是和上司打交道，和任何人打交道，对其眼手身形的观察都能够让我们洞悉意想不到的信息。还是那句话，语言是会说谎的，身体却很诚实。不管一个人的社会身份是什么，总是被喜怒哀乐这样普遍的情绪支配着，其身体表现也不会因为哪个是老板，哪个是员工，哪个是穷人，哪个是富人而发生变化。

举个例子，很多人在讲话、开会或日常交流时有揉搓手掌的习惯，搓揉手掌代表着一种期盼的姿态。小孩子在期待妈妈的礼物时，双手会不自觉地互相揉搓；成人在期待好消息时，也会忍不住站起来揉搓双手。在谈判场合，有人快速地揉搓双手，有人一边微笑一边搓手，让人相信他特别期待即将到来的事情。

揉搓双手也出现在心情不怎么好，如紧张不安的情况下。这个时候，揉搓变成缓慢持久的动作，好像用一块布擦干湿了的手。这种情况往往出现在法庭作证、发表演讲和运动员出场时，而且男性和女性的动作是不同的，男性通常在裤子上擦拭汗湿的双手，女性则习惯用手帕或纸巾。

一个人如果突然双手叉腰，肘弯向外撑，他可能是准备发布命令了，这是表现权力的姿势。同样，眼神从上往下看，反复地打量，这是一种优越感的表现，有时候也代表着轻视和鄙夷。

当人紧张时，身体动作会变得非常明显。面试时，如果应聘者不停地摆动双腿或者频繁交叉换腿，这是明显的坐立不安的情绪表现，让人感觉内心紧张，缺乏自信。此外，抿嘴唇或咬嘴唇，不停地吞口水，边说话边拽衣角，也给人对事情没什么信心的感觉。

聊天时看着别人的眼睛是一种礼貌的行为，而直勾勾地看着对方却代表了冒犯和失礼，低头不敢对视则是紧张的表现。如果不做眼神的交流，会让人感觉不值得信任。聊天时，不做回应是失礼的行为，但频繁地点头回应又会让人觉得没有个性，没有主见。

想要在交往中有的放矢、扭转局势就不能放过对方任何一个动作、任何一个表情。心情糟糕时，有人默默不语，有人歇斯底里，有人暴饮暴食，有人借酒消愁，这些变化很容易从面部表情和行为判断，不过有一个地方常常被人忽略，那就是下肢——腿和脚。其实，腿和脚传递的情绪信息一点都不比面部表情、手部动作少，腿和脚的小动作往往在人尝试隐藏真实情绪时暴露其真心。究其原因，可能是下肢的“反应”简单一些。人在进化过程中，下肢的功能要么是向前获取食物，要么是向后逃跑。一个是喜欢的东西，另一个是需要逃避的、危险的、讨厌的东西，简单直接，所以双腿的反应更能直观地反映人的内心动向。

人在快乐时，双脚和双腿会不由自主地摆动或颤动。听歌抖腿是一个典型的例子。研究显示，音乐能够让人的视觉、听觉和运动皮质区域产生联结，这些区域同时活动，就像在大脑里开了一场派对，表现在行动上即抖腿。当然，抖腿只是音乐带来的万千快乐信号中的一种。打牌的时候，有人拿到了一副好牌，尽管他脸上装得很镇定，腿和脚却悄悄地抖了起来。

第三章

次级情绪并不次
——自我意识情绪

自我意识情绪是个体在具有一定自我认知的基础上，通过自我反思而产生的次级情绪。初级情绪包括喜悦、悲伤、愤怒、惊讶、恐惧和厌恶，次级情绪则包括尴尬、同情、羞愧、内疚、自豪和嫉妒。

如果说，喜悦、悲伤、愤怒、惊讶、恐惧和厌恶等基本情绪拥有比较确定的外部表现形式，尴尬、同情、羞愧、内疚、自豪和嫉妒等自我意识情绪则没有明确的外部表现形式，尤其是面部表情的表达，因此自我意识情绪有更加复杂的情绪识别系统。

自我意识情绪还有哪些奇特之处？其运行的奥妙在哪里？这些情绪又是怎样影响我们生活的呢？在这一章里，我们将走近自我意识情绪，瞧一瞧尴尬、同情、羞愧、内疚、自豪和嫉妒的神秘之处。

❖ 尬聊尬舞尬朋友——人生无处不尴尬

在精心准备的一天或手忙脚乱的一天里，我们难免在某一个瞬间不可控制地陷入尴尬。演讲到高潮突然忘词了，观众尴尬，演讲者更尴尬；在大街上遇到熟人，热情地挥手打招呼，走近一看原来认错了人；在拥挤的地铁里随着人潮挪动，动来动去和一位壮汉汗湿的胳肢窝来了一次亲密接触；兴高采烈地出门逛街，一个趔趄摔了一跤，一抬头看见前任和他的新欢……你说尴尬不尴尬？

不知道从什么时候起，尬聊、尬舞、尬歌、尬酒、尬交情，好像什么事情都能和“尬”扯上关系，任何情况都有反套路操作，让人陷入尴尬难堪的状态而措手不及。有的人甚至把尴尬演绎为个人生活史，从小到大，处处尴尬，如下面这个故事的主人公——小糊涂神远鹏。

远鹏是一个嘻嘻哈哈、马马虎虎的女子，确切地说，是一个女汉子。由于她从小到大做事情都是迷迷糊糊的，所以人送外号“小糊涂神”。25岁的她，戏称自己的人生根本就是一部娱乐大众的爆笑喜剧片，她经历过的尴尬故事，随便捡一个就能夺得“尴尬之王”比赛的冠军。

举个例子，小学三年级时，远鹏第一次穿裙子，这可把她美坏了。到了学校，她像一只蝴蝶一样在教室里飞来飞去。臭美了两节课，中途上了一趟厕所，出来之后继续和小伙伴们玩耍。过了一会儿，一位同学悄悄地走到她的身边，神神秘秘地告诉她说：“你的裙子塞到了内裤里。”她一转头，发现整个裙子后摆都塞到了内裤里，那一刻，她真的想找一个地缝钻进去。不敢相信，这么长时间，她露着粉红色小内裤在操场上跑来跑去，那画面想想就让人心碎。

类似这样的小事还有很多。在学校里，女同学永远是手拉着手去卫生间。有一次，她蹲了半天的厕所，洗完手出门，一不小心打了一个嗝，那个嗝特别响，她隐约听到了走廊那头的回音。站在门口等她的死党不怀好意地看着她问道："说，蹲了这么久，你吃了多少？"一时间，她竟无言以对。

上大学之后，远鹏的神经"发育"好了一些，太丢脸的事情没再发生过，但小尴尬依旧免不了。有一次，她在图书馆准备期末考试，一边喝珍珠奶茶，一边背《马克思主义原理》，不知道怎么搞的，好像是一口气没有换对，她突然打了一个巨响的喷嚏，一口珍珠奶茶都被她喷到了课本上。当她低着头快速清理狼藉的桌面时，坐在对面的男生从自己的额头上摘下来一颗珍珠，对她说："同学，你的珍珠！"那一刻，远鹏觉得她的桃花运断了，她在大学里一定找不到男朋友了。

幸好，远鹏还有不错的颜值。凭借颜值，她交到了大学里的第一个男朋友。夏天时，两个人约好去水上公园玩。可能是糊涂神的男朋友也是糊涂神的化身，两个人没拿泳衣，穿着短裤就下水了。玩水滑梯的时候，远鹏男朋友的短裤被水冲走了，看他在水池里挣扎许久，远鹏以为他溺水了，拼命把他往外拉，她男朋友则拼命往水里藏。那一瞬间，别提多尴尬了。

20多年来，远鹏倔强地行走在处处尴尬的人生路上，为朋友创造笑料，为自己的日常生活提供欢乐。最近的一次尴尬，是上个月她陪死党去健身房。午睡还没有睡够，远鹏被死党拉去健身，跑了一小会儿，又举重10分钟，她已经累得瘫倒在地。没想到，这年头，胖胖的汗美人也有行情，她坐在地板上，走过的帅哥都在偷瞄她，还对她笑。远鹏跑去和死党显摆，死党抬头一看，"扑哧"一声笑出来，道："你是来搞笑的吗？帅哥爱上了你脸上的凉席印子吗？"她照镜子一看，果然，一个巴掌大的印子盖在她脸上，回想她顶着一脸凉席印子和帅哥抛媚眼的模样，健身房里的精神病就是她没错了。

尴尬可以分成当事人的尴尬和旁观者的尴尬，远鹏作为小糊涂神，尴尬的基本都是她自己。有些看起来并不糊涂的人，却常常给人带来尴尬。比如尬聊，聊天其实是一件非常简单的事，如果聊得来，随便聊点鸡毛蒜皮的小事，就可以聊上一两个小时。但如果碰到一个不会聊天的，顷刻间把天聊死，继续下去就变成了“尬聊”。所谓“尬聊”，就是强行聊天，没得聊硬聊，把气氛降到冰点。

尬文化横行的年代，许多人都在制造尴尬，忍受尴尬，吐槽自己的尴尬，对着别人的尴尬表现大吐苦水，吐槽说“尴尬癌要犯了”。可是如果心理学家告诉你，尴尬不一定是坏事呢？因为人对外在表现的要求提高了，才会特别在意尴尬不尴尬这件事，而且尴尬有时会让人显得亲和可爱，值得信赖。

尴尬，通常是说人遇到的一种处境，让人感觉很难为情，无所适从。心理学上，尴尬形容人在某种场合下被逼到窘境，发生了无法预料的情况而表现出的不知所措，引起逃避、发怒以及沉默等行为。日语中有一个词叫作“违和感”，类似汉语中的尴尬，形容一个事物与另一个有关联的事物或周围的环境比较后所产生的不适应、不协调，而无法融入的感觉。

尴尬的行为让当事人选择逃避人群，尽量让最少人见到尴尬的发生，可是在心理学上，尴尬却是一种亲社会性的情绪。尴尬就像是一个信号，表达出个体亲近社会、为他人谋福利和乐于合作的倾向。作为一种自我意识情绪，尴尬取决于人们认为别人会怎么看待自己的行为，里面存在一个复杂的视角转换，这是自我意识情绪的妙处之一。

人们无法忍受尴尬，是因为特别在意外界的评价。为了避免尴尬，人们会在行为上做出调整，如为了避免尴尬选择在酒后半醉半醒之时表白。避免社交场上的尴尬需要运用适当的方法和技巧。一些精于聊天的人，如优秀的主持人，通常情商很高，懂得言语间的进退，他们善于主动避免尴尬，还能在别人尴尬时出面解围。普通人虽然不一定有优秀主持人的说话技巧，但是有一些简单的方法可以借鉴。比如，遭遇无法应对的尴尬场面时，不动声色、泰然处之是一个不错的方法；如实说明，坦诚沟通，往往能拉近距离，赢得体谅；转移话题能够避开不愿意回答的问题，对方一般会知趣地开启新的话题。如果碰到死脑筋的人纠缠不休，那就只能一起尬聊下去了。

❖ 同情他人还是自己——同情心

盛楠是一个同情心常常泛滥的人。她对别人的烦恼、痛苦、糟糕的处境总是很容易感同身受，动起恻隐之心。不管是在生活中遇到不幸的人，还是在电影小说里看到主人公的悲惨身世，她都忍不住泪流满面，为他人的痛苦而痛苦。而且她的同情心不只停留在流眼泪上，她还会付出具体行动。生活中，她最见不得别人过得不幸福，总是尽自己所能地帮助别人，伸出友爱之手，即使有时候上当受骗，她也没有放弃过这份善心。

盛楠从小就是这样一个人。小时候，她随父母搬家到一个新的地方，邻居有一个和她年纪差不多的女孩，叫章章。盛楠经常跑到章章家去玩，时间长了，她发现章章的妈妈从来没有露过面，她爸爸也很少出现，家里永远是章章爷爷和章章两个人。而且，章章爷爷腿脚不太利落，需要章章照顾。

回到家，盛楠把所见所闻跟她妈妈说了，妈妈说："章章的爸妈早离婚了，她妈妈改嫁，她爸爸游手好闲，不务正业，把她一个人留给老人。"

"那谁给章章做饭？"

"她爸也不是完全不管，三五天回来一次，大包小包带些吃的，平时就他们祖孙两人。她爷爷原本是清洁工，不知道怎么摔了一跤，现在也不能工作了。"

听妈妈讲完章章的经历，盛楠眼眶红红的，她一路跑到章章家，一把抱住了她，说道："我们永远都是好朋友！"章章推开她，一脸诧异地看着她，笑道："楠楠，你怎么哭了？你妈又骂你了？"盛楠没有解释，但是她记住了章章的笑，那一笑，好像吹散了章章生命里的所有不幸。

从那以后，盛楠把章章当成亲姐妹一样，有好吃的、好玩的，总是给章章留一份。妈妈带她去游乐园玩，她也要拉着章章一起，但是大多数时候，章章都会因为要留在家里照顾爷爷而拒绝盛楠的邀请。

盛楠一心想着做一些力所能及的事情让章章过得快乐些，可惜当盛楠从外地的姥姥家过了一个暑假回来后，章章已经搬走了。听妈妈说，章章爷爷一病不起，没过多久就去世了。章章爸爸卖掉了房子，把她接走了。妈妈还说，章章爸爸找了一个新媳妇，以后章章要和后妈一起生活，可有苦日子过了。听到这个消息，盛楠哭得很伤心，她恨自己贪玩了一个暑假，没有机会和章章说再见。此后，她们再也没有见过面。

长大之后，盛楠依然是一个富有同情心、重感情的姑娘。但凡有人需要帮助，她总是第一时间冲上去，她经常倾尽自己的所有帮助别人，为此她没少吃亏，也没少挨批评。可是她总是心软，见不得别人受苦，宁愿自己吃亏，也不愿看别人难过。

前几日，无聊的盛楠刷起了朋友圈，突然看到一位同事转发了一则寻人启事，原来是一位老爷爷找不到自己的老伴儿了。寻人启事上说，老爷爷和老奶奶一起坐公交车，车一路开到了市中心。由于到了枢纽站，上车的人多，下车的人也多，老爷爷和老奶奶被人群冲散了，等老爷爷坐到目的地准备下车时，却发现老奶奶不见了踪影。寻人启事上还说，老奶奶有病在身，他们出门是为了去医院买药，这下可好，人不知道丢在哪里，老爷爷一着急也病倒了。

寻人启事里，有老爷爷拿着老奶奶照片询问路人的照片，有老爷爷坐在马路边上焦急又无奈的照片，还有老爷爷坐在医院里打点滴的照片。老爷爷坐在路边，一身的灰尘，手里拿着老奶奶的照片，满脸汗水的样子，一下子触到了盛楠的软肋。她眼含泪水，转发了这条寻人启事，可是她觉得这样还不够，她应该为这对老夫妻多做一些事情。过了一会儿，她按照寻人启事上的电话打过去，询问老奶奶是否找到以及老爷爷的身体情况。接电话的是一个男人，自称是老爷爷的孙子，他说他们已经报警了，但是目前没有消息。他希望盛楠多发动亲戚朋友，帮忙转发，让更多人知道这条消息。盛楠把寻人启事发到了她所有的微信群和QQ群里，又开始鼓励亲戚朋友多多转发。

同情心是对他人的痛苦与不幸感同身受，继而产生的怜悯之情或悲伤的感觉。人的生理结构决定了我们具有感同身受的天性，人们所说的“我能感受到你的痛苦”，并不是随便说说而已，我们确实能够感受到他人的痛苦。

同情心的生理基础在大脑。脑岛是大脑皮质的一部分，它向内凹陷，被包埋在外侧裂之内，与额叶、颞叶和顶叶的皮层相连通，无法直接从完整的脑的外部观察到。脑岛负责自我意识、同情、人际交往的部分，能够帮助我们理解他人。女性比男性更有同情心，这是因为女性的大脑岛叶明显大于男性，这使得女性在发现情绪的细微差别、预测他人的情绪反应上更敏感，从而更留意他人的情感需求。

对人类生存而言，同情心是不可或缺的。理论上，我们每个人都有同情的能力。除了个别大脑生理结构异常的人，多数人都有能力察觉别人正在受苦，并且有缓解他人痛苦并付诸行动的冲动。比如，当路边的行乞者敲着瓦罐，嘴里喊着“大哥大姐帮帮忙吧”，大多数人在一秒钟之内都会动恻隐之心，但很多人最终没有付诸行动，是因为理智在一旁敲了警钟：“这个人明显就是一个骗子，职业行乞的。”也有人即使经历了理智的提醒，仍然愿意献出爱心。各人自有各人的考量，不能一概而论。

虽然说同情心是人的天性，但同情心泛滥反而使人感到不舒服。原因可能在于，某些看似表达同情的举动，并非出自对他人的善意，而是出于压力或内心阴影的表现。即同情的到底是他人还是自己，当事人有时候会傻傻分不清楚。心理学家阿德勒曾经指出，人类的攻击行为除暴力之外，还有一种方式即通过对他人的善举进行，善意的目的是消除自己的自卑感。

在面对弱者时，我们更容易显露出同情心。有时候，那些看似感同身受的为了别人好，其实是当事人在掩盖自己内心的自卑感受。回想一下，你身边一定有那种极度热心，对别人的事情特别上心，甚至愿意放下自己的事情去照顾他人的一类人，他们看起来非常有同情心，但是这种同情心往往有些过度，而且建立在一厢情愿的基础上。因为你很弱，所以你需要我的帮助；因为你可怜，所以我要帮助你；因为你太惨了，所以由我来拯救你。这不是平等的关系，而是强者面对弱者的姿态。然而，这个强者往往是一个自卑者、一个弱者，同情心是他显露强大的武器。他们对他人施与恩惠，目的不是善行本身，而是为了确立自己的价值，增强自身的存在感，克服自卑感。这种行为本身不是为了利他，而是为了满足私欲。很遗憾地说，的确有一些同情心是夹带私货的。这些人看起来的善良并不是真的善良，只是借帮助别人表达自己，满足自己罢了。用同情心将对方看作弱者、可怜人，实则是对对方的不公和侮辱。

什么是真正的同情呢？真正的同情是一种支持与支援，给人温暖和安慰，是让对方感受其本身的存在和力量。一头热地张开双臂，恰恰不小心夺走了对方自我振作、重新获得力量的机会。

❖“情”到深处最伤人——羞愧感

大家都有过羞愧的经历，比如，有人次次考试排名倒数，公布考试成绩的那一刻，真是羞愧得见不得老师，更见不得父母；有人信誓旦旦答应帮别人办事，结果却没有办成，简直无颜面对江东父老……有的羞愧是小事一桩，年深日久了还能当个笑话说出来；有的羞愧让人自我反省、自我否定，成了永远无法愈合的伤痕。

因为一部手机，班里的两个学生吵了起来，差点搞出人命，身为班主任的刘志已经好一阵子没有好好休息了。立爽躺在医院里，广平被带去了派出所，教室里同学们人心惶惶，流言蜚语满天飞。有人说“广平杀了立爽”，有人说“广平已经被判刑了，罪名是故意杀人”，还有人说“立爽摔坏了脑子，就算出院也会变得痴呆”……刘志不知道这些十五六岁的孩子都是从哪里听来的消息，实际情况是，立爽摔断了两根肋骨，还有大大小小的擦伤和软组织挫伤，但是完全没有摔到头，也不可能痴呆。广平在派出所做了两次笔录，之后已经回家了。立爽的爸爸一口咬定广平故意杀人，要告他谋杀。一切都在混乱地讨论中，刘志也不知道结论是什么。他唯一能做的就是安抚同学们的情绪，反复强调不要相信流言蜚语，不要散播谣言。

事情发生后，刘志跑前跑后，跟着警察、学生家长一起忙了两天才终于搞清楚事情的来龙去脉。起因不过是一件小事：立爽丢了手机，在询问过他们寝室的其他六个同学之后，问到了广平头上。广平一反常态，质问立爽：“你已经问过一遍了，为什么还要再问？难不成怀疑是我偷的？”立爽说：“我已经排除了所有可能，那个时间、那个地点，除了你没有别人！”两人互不相让，随即起了口角。旁观者尚没有搞清楚状况，广平已经把立爽推下楼去。听完目击同学的讲述，刘志不禁有些后怕，幸好他们所在的位置是西侧偏厅的楼梯，如果是中央大厅的楼梯，立爽真的可能会摔个颅骨骨折，那时候，事情可比现在严重多了。

广平做出这样的事情，身为班主任的刘志一点都不意外。他认识的广平是一个自尊心非常强的孩子，他骄傲又自卑，神经敏感，特别在意别人对他的看法。他怎么可能忍受别人当着众人指认他是小偷？尽管警察就是从他的储物柜里翻到了那个手机。广平狡辩称，他不过是借来玩玩，之前和立爽打过招呼，只是立爽忘记了。立爽则完全是另外一种说法。

和这两个学生相处两年，以他对这两个人的了解，刘志心中已经有了答案，但他不能那么快做出决定，他的论断可能就此葬送一个孩子的前程，那不是作为师长的他希望发生的事情。在这所封闭式教学的寄宿高中里，学生每天学习时间长达 16 个小时，每一个人都承受着巨大的精神压力，他这个当班主任的也不例外。同时，他挣扎在沉重的自责中，伴随着深深的羞愧。虽然这个事件本身和他无关，但这两个孩子毕竟是他的学生，他无法摆脱这种心情的咬噬。

回头想想，刘志完全能够理解广平那一瞬间的羞愧感。他曾经在新闻上看到，一个 35 岁的男子，因为被同事怀疑偷了钱包，一气之下拿着水果刀连捅了五个人，其中两人伤势较轻留院观察，两人伤势较重，被诊断为血气胸，还有一个人因为用手挡他的刀，被砍断了两根手筋。事后，伤人的男子对记者说，他不能忍受那样的羞辱！可是经过办案民警的确认，钱包就是他偷的，而且钱包里面的五千块现金已经被他挥霍一空。他的同事正是发现他突然出手阔绰，行为反常，才怀疑到他身上的，没想到“审问”时言语过激，惹得他恼羞成怒，招来无妄之灾。

回到教室上课，刘志被学生问道，立爽怎么样了，他会不会瘫痪，会不会永远不能回来上课？他用老师的威严把学生的好奇心压了下去，却无法控制内心的负罪感。同学们灼热的眼光好像法庭的审判：他作为班主任，应该为整件事负责。若不是他太少关心这些同学，太少在意日常的一些细节，若不是他在听说立爽丢了手机之后全然没有把这件事放在心上，也不会发生这样的悲剧。作为班主任，他除了羞愧，还是羞愧。

人在什么情况下会产生羞愧之情？羞愧情绪的触发一般是因为人的底线被触及，也就是人心底最脆弱的一块被触及，而这种触及带来的很可能是伤害。刘志的学生广平的底线可能是他最后一丝的自尊心，在公共场合被揭穿伪装，剥夺尊严，羞愧感转化为愤怒，才最终造成了一场激烈的冲突。

素来与羞愧相伴的就是愤怒，这种愤怒可能会指向他人，如故事中广平因为被逼问得羞愧难当，一怒之下出手伤人。这种愤怒也可能指向自己，表现为自我伤害，"羞愧而死"可不是说说而已，历史上就有名人因羞愧而死。话说三国时期，曹操的心腹大将于禁曾立下赫赫战功，深得曹操宠信，可惜他晚来失节，葬送了一生的英名，最终羞愧而死。于禁人生的转折发生在建安二十四年，那一年，关羽带兵围攻樊城的曹仁，于禁与庞统前去救援曹仁，恰逢天降大雨，河水暴涨，关羽的部队掘开了江堤，以大水灌于禁的部队。于禁没有选择誓死抵抗，而是投降了关羽，后被关押在荆州江陵。同时被俘的还有庞德，但庞德宁死不屈，大骂关羽和刘备，最终被关羽斩杀。

于禁的举动令众人大跌眼镜，曹操对他非常失望。后来关羽去世，于禁通过孙权的帮助回到魏国，等待他的已经是另外一番光景。他经常被朝中大臣嘲笑，无论走到何处，总有人戳他的脊梁骨，指责他根本无颜面回到魏国。于禁的日子过得如履薄冰，没过多久，当时已是魏国主君的曹丕给他送来了压死骆驼的最后一根稻草。拜谒曹操的陵墓时，曹不命人画关羽战克、庞德愤怒、于禁降服的画像，面对这一生都无法洗刷的耻辱，于禁羞愧不已。回家后没过多久，于禁发病而死，实则是因羞愧而死。

人是会被羞愧杀死的，长期被羞愧感笼罩，其严重程度相当于慢性自杀。被羞愧感缠绕的人基本上对自己的感觉、想法和核心观念都是负面的，如认为自己不够好，做什么事情都会失败。羞愧感还表现为日常焦虑，缺乏主动决断的能力，缺乏主见，有时候会让人做出冲动、过激的行为。

羞愧感的养成和婴幼儿阶段父母的教养方式有很大的关系。脑海里对自己的苛求想法往往来自父母的批判声音，如父母一直批评你不够好，做什么事情都做不好，不管你如何努力，永远无法让他们满意。这种感觉内化为自我批评的声音，会对成年后的生活产生巨大影响。

在强调集体文化的环境下，父母习惯用他人的评价来教育孩子，让孩子产生羞愧感。当一个妈妈对在商场里哭闹的孩子说："看你哭成这个样子，叔叔阿姨都来笑话你了。"这个时候，小孩子意识到自己的行为很丢脸，羞愧地低下头，表现出顺从或服从。父母自以为用一个妙招制服了熊孩子，却不知道这个做法在孩子幼小的心灵里埋下了自我压抑的种子。

❖ 埋在心底的监视器——内疚感

博宇出身农村，读完大学后，经老师推荐，顺利留在城市工作。一份收入不菲的工作，让他的人生少走了许多弯路。工作三年后，他和女朋友正式结婚，之后生子，升职，辞职创业，一路磕磕绊绊，却一直朝着好的方向发展。经过十多年的奋斗，博宇小有成就，他在城市落了脚，生了根。

有了经济能力，他想让父母进城安度晚年，几番邀请，老两口都不肯搬过来和他一起生活。小儿子出生后，借着请他们帮忙照顾孩子的理由，他把两位老人接到了家里。说是让他们帮忙照顾孩子，其实并不需要他们做什么，孩子平日里有阿姨帮忙带，博宇妈妈不过偶尔搭把手，老爷子基本上不需要做什么，他整日待着实在憋闷，只好泡在公园里，与人下棋、打牌。

勉勉强强住了三年，博宇的小儿子上了幼儿园，两位老人张罗着要回老家，老太太说是不习惯大城市的生活，出了门哪里都找不到；老爷子则说，公园里的牌友不是出老千就是耍赖，还是老家的牌友好，仗义又和气。博宇心怀愧疚，他原本是想让两位老人生活快乐，没想到反而给他们带来这么多困扰。老太太还好，做了一辈子家庭主妇，帮忙做饭煮菜，她也感觉开心；老爷子可不成，他素来最爱出门，东走走西逛逛，很少在家待着。让他每天只能在小公园和一群不对脾气的老头在一起，或者缩在楼房里活动，简直等于逼疯他。

送两位老人回到老家，博宇又有了新主意。他给老人在郊区买了一套房子，装修也做到尽善尽美，希望他们住到楼房里，享受一下生活的便利。奇怪的是，他们只是冬天的时候上楼住几个月，春夏秋三个季节，两个人依然住在农村的老房子里。他们定期回去，给新房打扫卫生，给花儿浇水，但就是不愿意常住。博宇和他们沟通过几次，每次都搞得无法收场，好像父母不领儿子的好意和孝心，又像儿子逼迫老人按照他期待的方式生活。后来，博宇放弃了，只要他们高兴，随便他们按什么方式生活。

这样的事情简直数不胜数。博宇和他媳妇过年过节回家，总是大包小包地给他们买东西。奇怪的是，给他们买的新衣服，他们就放在柜子里，说是有正式场合时再穿，可是一年下来他们也不见得会遇上几个正式场合；给他们买营养品、保健品，他们就放在柜子里，不舍得吃。给他们多少钱，他们都放在银行里存着，从来不用来改善生活。

为了这些琐事，博宇没少和他们争执，看见他们过得不舒服，整天穿着旧衣服，吃喝都节约算计，他心里特别不是滋味。后来，博宇渐渐看开了，虽然他心里不好受，但是他选择尊重老人的选择。他们多年来就是按照这种方式生活的，不能因为他个人的生活方式发生变化，就强迫老人跟随他的脚步。他们怎么舒服就怎么过，毕竟那是他们的选择。

生活中，我们也会像博宇这样，时不时地被内疚感折磨。工作太忙、行程太紧张，没时间陪伴家人，我们心存内疚；因为自己说错话、做错事，不小心连累了同事，我们心存内疚；拒绝别人，心存内疚；伤害别人，心存内疚……内疚是自我情绪之一，也是超我的表现之一。当一个人能够觉知自己的道德水平，对做错的事情、做了不该做的事情有所认识，随之而来体验到的情绪，就是内疚。

能够体验到内疚情绪，说明你是一个善良的人。一个拥有自我反省能力、对自己的想法和行为有一定约束，不会恶意伤害他人和破坏社会的人才会内疚，反社会人格障碍者是不会内疚的。他们缺乏怜悯之心和同情之意，对他人的痛苦无法感知，毫无负罪感，攻击性强，为了一点小事就使用暴力，甚至冲动杀人。想要他们在冲动过后焦虑、内疚、后悔？不存在的。内疚是不可能的，更不可能为之彻夜难眠。

在一个冬日的凌晨，一个大学二年级的女孩，从六层高的宿舍楼跳下，当场死亡。警察很快介入，女孩自杀的原因迅速被查清楚。原来，她上大学后交了一个男朋友，那个男生缠了她三个月，她才答应和他交往。两人交往不到一年，男生就和女孩的室友打得火热，当她发现事情不对劲时，他们已经偷偷在一起一个多月了。一边是信誓旦旦的男朋友，一边是朝夕相处的室友，她没办法接受来自爱情、友情的双重背叛，选择了轻生。

女孩不是无法忍受情伤的痛苦而选择死亡，她是想用死亡来惩罚背叛她的两个人。她在遗书中这样写道："你们两个谁都别想忘记我，我的鬼魂会一直跟着你们，让你们内疚一辈子！"女孩用死来惩罚负心人，却没料到负心人本就薄情，根本不会为此内疚。

案发时，女孩的室友并不在学校，事后她受惊过度，不敢回宿舍住，最后她选择休学一年。女孩的男朋友看起来则泰然许多，在派出所里，他问的第一个问题是："我会被判刑吗？"他以为女孩自杀，他也脱不了干系。当被告知他并不需要为此负法律责任时，他长舒了一口气，道："那就好。"之后，他消失了一段时间。新学期开始，他又回来了。

内疚感是一个人是否具有良心的报警器。内疚感提醒我们照顾他人的利益和感受，调整人际关系，有利于个体适应社会生活。和其他情绪一样，内疚对我们来说也是好坏参半的。严格来说，大部分情绪都有积极的一面和消极的一面，由于情绪始终处在流动和转化中，此刻的负能量下一秒或许就变成了正能量。一定的内疚感可以帮助我们调整行为，过多的内疚感则会变成心灵毒药，或许它不会毒害他人，但绝对会让自己长期生活在压力、紧张和痛苦中，丝毫不利于身心的健康。

不要小看内疚，内疚的力量非常强大，因为随着内疚感而来的是强烈的责任感和负罪感。有时候，内疚表现为自我攻击。如果你特别容易内疚，总是觉得自己有问题，比如，都是自己不好才把事情搞得这么糟糕，都是自己不好才被男朋友抛弃，都是自己不好才被别人误会……如果你经常用这样的想法折磨自己，可要小心了，这样的内疚模式其实是一种自我攻击。

什么样的人习惯用内疚进行自我攻击呢？一种是自我认知水平较低的人。这类人特别需要外界的评价，其自我认知水平的高低非常容易受到外界事物的影响，他人的赞赏令其重整旗鼓，他人的批判或指责则令其自我怀疑，这种自我怀疑会让他们一直处于内疚中。另一种是心理边界不清晰的人，他们想要对所有人负责，想要把所有事情都划归到自己的权责范围内，可偏偏对自己不太负责。这种心理模式和童年时期父母的教养方式有关。

我们培养孩子的方法之一就是制造内疚感。想必这样的场景大家都很熟悉：全家人出去玩，天快黑了，孩子兴致正好，一点都不觉得疲惫，央求爸妈再多玩一会儿。这个时候，妈妈说："宝贝你知道吗，爸爸这一周都在加班，因为加班，他的腰病都犯了，玩到这个时候你还不想回家，你舍得让爸爸这么辛苦吗？"孩子肯定舍不得呀，还特别内疚，不是说要做一个听话懂事的孩子吗？怎么可以这么任性？孩子体谅父母的辛苦，放下玩耍的劲头儿，不情愿地跟爸爸妈妈回家了。

在这种教育模式下，父母的监督逐渐内化为自我监督，我们总是因为做错事而内疚，因为无法照顾好他人而内疚，甚至习惯性地将他人责任范围内的事情划入自己的职责内。当我们懂得心疼和体谅父母后，重新做回了好孩子，我们的内疚受到了鼓励——父母重新对我们投以赞许的目光，于是形成了过度泛滥的内疚感以及被内疚感左右的行为模式，不自觉的话，这种模式将伴随一生，渗透到工作与交友等多个领域，还会影响我们成为父母后对子女的教养方式。

❖ 对自己感到满意——自豪感

虽然我们是平凡的小人物，但人在一生之中总有一些事情让我们觉得自己不那么渺小无力，让我们为自己的存在及所作所为感到骄傲。

高中三年拼命地努力学习，熬过一千多个奋斗的日子，终于考上理想的大学，每每回忆那段秉烛夜读的时光，总是特别自豪；冥思苦想，熬夜加班想创意，终于做出了完美的方案，客户满意、老板满意、自己满意，回忆起那段不放弃、不低头的日子，总是特别自豪；结婚生子依然不放弃学习，一边带孩子一边考职业资格证，从失业主妇到成功回归职场，空间更大、收入更可观，人生走向第二段征程，不禁佩服自己敢于拼搏、永不停止进步的勇气，感到十分自豪……

作为一枚货真价实的吃货，毕业后进入食品公司上班，笑笑的美梦成了真。虽然吃货的梦想没能在工作中实现，但在工作中取得的许多成绩同样让她觉得自豪。

笑笑所在的公司是一家休闲食品制造商，轮岗一年后，她被安排进入营销策划部门，学市场营销出身的她很满意这个岗位。在她入职营销策划部之前，公司推出了一批新产品，可惜市场反响并不好，销售业绩惨不忍睹。作为职场菜鸟，笑笑接到的第一个工作任务就是提出新的营销策划案，将产品重新推向市场。

策划案？策划不就是动动脑筋，来一场头脑风暴，想一些新鲜的、吸引人的点子？这对她来说没什么难的。没想到，这一下子开始了她连续加班三十八天的策划之旅。工作进入正轨后，加班成了笑笑的生活常态，她渐渐发现，做营销策划是最不把辛苦当一回事的工作。她经历过为了拿出一个项目的年度策划方案，连续住在公司一个星期，累了在睡袋里躺一下，饿了叫个外卖，剩下的时间全部用来“头脑风暴”；她也经历过累到极点，麻木地开车行驶在凌晨三点的马路上，疯狂地掉眼泪，到家睡上三个小时，天亮继续上班，打起精神处理各种事务。

累归累，苦是苦，工作中的成就是她坚持下去的最大动力。她参与的策划案不仅让更多消费者了解了公司的产品，年度销售业绩大大提升，还被业界同行称赞，引来不少模仿案例。这些策划案并非她一个人努力的成果，但她清楚自己的努力和付出，那是令她自豪之处。

工作三年后，最令笑笑自豪的不是她帮公司做了多少个成功的策划案，帮老板解决了多少问题，或者她的英语能力提高了多少，工作能力增强了多少，而是有一天，一位与她合作三年的供应商诚恳地对她说：“如果以后你想跳槽，一定要第一时间通知我，我出双倍的薪水。”那一瞬间，她别提有多开心了，这样的邀请是对她本人和她所有工作的全面肯定。

回想起一路读书、工作，跌跌撞撞地成长，笑笑珍惜每一次让自己感到自豪的记忆。记得进入高中后第一次英语考试，由于老师把题目出得太难了，只要有人考到 70 分就有奖励，结果笑笑考了 74 分，全班只有她一个人做到了。那一天晚自习，老师说，因为笑笑考到了 70 分以上，晚自习取消，全班看电影。那是她中考失利之后第一次为自己感到自豪，全班同学都沾了她的光。

出色的考试成绩让笑笑理所当然地自豪，作为一名体育“废材”，在学校运动会上拿到名次更让她佩服自己的勇气。上大学后，笑笑常被舍友拉着夜跑，偶尔还会到健身房锻炼，渐渐地，她的身体素质越来越好，每次坐火车她都不需要麻烦周围的大哥帮她抬行李箱。更重要的是，从小到大没有参加过运动会的她竟然在比赛中拿到了全院第六名。

离开了校园，能在工作中收获自豪感自然是笑笑在身心疲惫之时最大的安慰。有一次，她带着一大包样品坐出租车，司机师傅看见袋子上的商标，搭讪说：“你在这个公司上班啊？”笑笑点头后，司机师傅笑着称赞道：“你们公司生产的那个零食真好吃，我孙子特别爱吃，天天吵着让我给他买。”每次听到这样的话，她总是感到特别自豪。

还有一次，笑笑回老家办理生育服务证，在登记资料的时候，工作人员看到她填写的单位，突然问她道：“你是在这个公司上班？就是生产电视广告中×××代言的那个食品的公司？”笑笑点头称是。工作人员好似打开了话匣子，在整个办事过程中，他们聊的话题就是笑笑公司生产的小吃有多么好吃。入职第五年，笑笑由衷地为她的工作感到自豪。

近年来，自豪感这种自我意识情绪逐渐受到关注。在自豪感概念中，评价是一个核心指标，自豪感通常在目标达成或任务完成时，在自我评价或他人评价的基础上产生。社会比较、教养环境、文化价值观等因素都会对自豪感产生重要影响。人们体验到自豪感这种情绪，重大的社会事件比个体成就更有效果，如2008年，北京举办了第29届世界奥林匹克运动会，其盛大的开幕式和精彩的比赛过程都给国人带来无与伦比的自豪感，这涉及民族自豪感和国家自豪感。国人近年来越来越多地体会到国家、民族的自豪感，一方面来自经济、科学技术等领域的崭新成就，另一方面来自我们深厚的文化传统。

自豪感是一种积极心态，它让人在成功后仍然继续努力工作，而不是表现出自大自负；在人际交往中，自豪的人比自卑的人更容易获得周围人的认可和喜爱，因为他们对自己满意，所以更自信，散发着积极的能量。研究表明，因成功而产生的自豪感会让人工作更积极，也会让人在社交圈里更受欢迎。自豪感其实和羞愧、内疚、尴尬等情绪有着密切的联系。有研究者认为，人表现出自豪或羞愧，取决于对任务完成情况的归因，积极的归因产生自豪，消极的归因产生羞愧。在实验中，当参与者无法完成容易的任务时，羞愧感更多；当参与者完成困难的任务时，自豪感更多。

上文提到过自豪感产生的因素包括社会比较、教养环境和文化价值观。社会比较在自豪感产生过程中有很重要的影响，一项个人成就在公开并经过社会比较之后，个人能体会到更大的成就感。可以这样说，个体出色地完成了任务，体会到原本十分的自豪感，经过社会比较，发现其他人在相应的任务中表现较差时，自豪感程度会更高，十分变成了二十分。

对学生来说，引发自豪感的事情主要是学习成绩或比赛成绩。学习成绩优秀者本身就拥有自豪感，当与同学比较之后，那种自豪感会获得加强。然而，在一所学校或一个班级内，名列前茅的同学只是少数，其他同学通过什么类型的事件获得自豪感呢？由于多元价值取向的影响，许多学生的价值观也在发生变化，有些成绩不好的同学可能特别擅长体育，不擅长体育的同学可能特别擅长文艺表演，各方面都很平庸的同学可能是一个性格好、人善良的开心果，所有人都喜欢和他交朋友，这些优点都可以让他们产生自豪感。

当今社会的多元价值取向逐渐明显，社会比较或许并不是刺激自豪感发生的根本元素，而对自身价值的认定能带来更多的自豪感。比如，那些从工作中体验到自豪感的人，如果和他们打交道，你会发现这类人有一个共同的特点，只要提到工作，他们就满脸兴奋，自豪感油然而生。对工作的自豪感可能来自人们对工作本身的兴趣，也可能来自在工作中体会到的快乐和自我价值。

研究者比较过正常教养环境下的儿童和受过虐待的儿童，发现后者表现出较少的自豪感。受虐待越多的儿童，其表达出的自豪感越少，因为虐待行为对儿童提供的都是消极的反馈，压抑了儿童自豪感的表现。

处在不同经济环境下的儿童对自豪感的体验也有所差异。成长于经济条件好的家庭和成长于经济条件差的家庭，儿童的心理状态往往不同，后者有时会因为成长环境产生自卑心理，自我评价低，较低的自我评价直接影响自豪感的体验。

和其他自我意识情绪一样，自豪是一种跨文化的情绪。不管是文明程度高的社会，还是远在偏僻、贫穷地区的原始部落，人们都能体验到这种感觉。研究者在针对非洲某部落的研究中发现，当地人没有接触过西方文明，不知道美国总统是谁，也不认识电影明星、体育明星，但是他们能够从一堆代表不同情绪的西方面孔的照片中挑中表现出自豪感的那张。

由于国别、性格的差异，人们在体验自豪感和产生自豪感的事件来源等方面存在文化差异。比如，研究者对日本人和美国人的自豪、愤怒、内疚等情绪进行了比较研究，相比之下，美国人愿意表达出更多的自豪感，日本人则更愿意表达友好和内疚，因为他们认为自在地表达自豪感是过度张扬的。可见，当文化背景不同时，人们对自豪感的产生和表达有着不同的理解和评价。

❖ 恨人有笑人无——嫉妒作祟

正逢暑假，小爽带着孩子回老家避暑，本想清凉一下，不巧遇到生活小插曲，搅乱了她的清静心情。

一天，小爽带着孩子在超市购物，结账时碰巧遇到了她的小学同学亚楠。按照惯例，这种场合总免不了寒暄一阵子。

见小爽带着孩子，亚楠惊讶道："你都有孩子了，真想不到！宝贝多大了？"

小爽道："25 个月。"

"哎哟，时间可真快，上次见你的时候，你好像还没对象吧？"亚楠扯着嗓子和她说话，周围人都投来异样的目光，亚楠却浑然不觉。

"那都是三四年前的事了。"小爽无奈道。

"小爽啊，"亚楠继续高声道，"记得上次咱们聚会，我还劝你说，年纪到了，身体已经开始走下坡路了，要求得适当降低一点，不能再像以前那样挑剔了。没想到这么快，你孩子都有了。"

小爽尴尬道："我说了顺其自然嘛，顺其自然也到今天了，什么都没耽误。你怎么样，最近身体还好吗？"小爽听她妈说，亚楠想要生二胎，一直在调养身体，可惜一直没有好消息。

"还那样呗，不过我觉得，今年年底有谱。"

"为什么是年底？年底有什么特别的地方吗？"

"不瞒你说，"亚楠附在她耳朵边小声说，"算命先生跟我说的，年底会有好消息！"

小爽微微一笑，无言以对。见亚楠兴致减了，她往前挪了几个身位，期待着结完账尽快和她说“再见”。一分钟后，亚楠凑上来继续道：“小爽，怎么没见你老公，你在放暑假，他不放假吗？”

“他在做项目，在学校加班呢。”小爽回答道。

“大学老师还需要加班？”亚楠诧异道。

“有一个项目，开学要结项，这阵子忙了点。”

“哎哟，要我说，还得是大学老师啊，他们这一个项目做下来，能赚不少钱吧？我看新闻上说，一个科研项目有几十万元经费呢！”

“那是别人家学校吧？”小爽说。

“怎么会，一定是你老公太不会做人了，你得让你老公换换脑筋，不能那么死心眼，一门心思做学问是换不来钱的。读书多的人都一身傲气，可傲气不能当饭吃，你说对吧？”

小爽微笑着，更加无言以对。她诧异，亚楠不曾见过她老公，何以就说他一门心思做学问，还一身傲气不知道赚钱？难不成，谁家过日子怎么赚钱，怎么花钱都要一一跟她报告不成。终于熬到了收款台，小爽把购物车里的东西一一拿出来放在台面上，希望尽快摆脱对方。亚楠走过来，拿起购物车里的牛奶巧克力道：“小爽，可不能给孩子吃这个，回头出的牙都是坏牙。我是过来人，听我的准没错。”

小爽拿过她手里的巧克力，冷着脸道：“这是给我妈的。亚楠，麻烦你让一下，我把车子推过去。”

亚楠悻悻地躲在一旁，不再作声。小爽结完账，放下孩子，转头对亚楠道：“我先走了，以后常联系啊！”

“好的，拜拜。”

小爽抱着孩子回家，跟她妈说起这个多年不见的小学同学。小爽妈妈曾经是亚楠的小学班主任，对亚楠也颇有了解。小爽妈妈说，亚楠当年嫁了富二代，结婚不到三年，老公和公司的小秘书搞婚外恋，两人差点离了婚。如今她老公浪子回头，她不再一作二闹三上吊了，还张罗着要二胎呢。

“我记得小学那会儿，亚楠还挺可爱的，现在怎么变成这样了，话里话外透着酸，跟她说两句话我觉得心力交瘁。”

“我可没发现她可爱，她从小就是这个性格，跟她妈一样，十足的势利眼。”

“她以前就这样吗？”

“亚楠这丫头，机灵着呢，她从小就是挑人做朋友的，就你傻呵呵地把她当好朋友，说你你还不听！”

“不过，我没结婚那会儿，她跟我说那番话，可是够难听的。好像我读了那么多年书，到最后连个老公都找不到，哪比得上她，嫁了一个富二代，攀上高枝了。”

“过日子就是如人饮水，冷暖自知。幸不幸福，她自己知道。”

“也对！”小爽点头认同。

生活中，有一些人像亚楠这样有时会有嫉妒情绪作祟。比如，A 在朋友圈晒去慕尼黑旅游的照片，B 评论说：“德国那破地方天天罢工，有什么好玩的。”C 穿了一件新买的裙子，D 站在一旁称赞道：“这裙子可真漂亮，你如果像我这么瘦，穿起来肯定更漂亮。”E 努力了两年，终于通过了司法考试，F 在聚会时道：“真佩服你这书呆子精神，像我早就和司法考试告别了。”H 苦熬多年，终于通过内部竞聘，获得升职的机会，J 在背后酸溜溜地说：“谁知道她耍了什么手段，上个星期我还看见她上了老板的车。”这都是气人有笑人无，是嫉妒心理在作祟。

气人有笑人无，是民间的一句俗话，意思是嫉妒和怨恨比自己强的人，同时又瞧不起不如自己的人。这样的人特别势利眼，他们在看到比自己好的人时，毫无保留地表现出嫉妒别人的嘴脸，按照心理学家阿德勒的说法，嫉妒来自自卑感。

有人在嫉妒的驱动下，奋发图强，“别人优秀，我经过努力之后要比你更优秀”，这种嫉妒催人奋进，将嫉妒的力量朝着积极向上的方向释放；有人在嫉妒的驱动下心生恨意，“我过得不好，你便要过得不如我，我才开心”，于是有了使绊子、放冷箭、传谣言、告恶状等小人行径。

你身边的人总是忍不住嘲讽你或者在背后说你的坏话，谈论你的各种不好；表面对你好，背地里却阻碍你；各种小花招轮番上阵，任何东西都要与你比个长短：你要小心了，你被他嫉妒了。君子坦荡荡，小人长戚戚。宁可得罪君子，不要得罪小人，你永远不知道小人会在嫉妒心的驱使下搞出什么幺蛾子来。

在人类进化的过程中，嫉妒是一种普遍的心理状态，是一种本能的保护反应。几乎所有人都体验过嫉妒这种情绪，但是人们又极力掩藏自己的嫉妒情绪，把它看作不光彩的、不道德的情绪，希望像掩藏一桩不可告人的罪行一样把它隐藏起来。

嫉妒的产生，有其时间和空间的因素。30岁以下的年轻人，特别容易因为同龄人的外表、学业、社会成就以及幸福的情感关系产生嫉妒心理；30岁以上的人，嫉妒心理逐渐减退，其中因他人的爱情关系而心生嫉妒的心理削弱得最为明显，随着年龄的增长，情感嫉妒变淡；50岁以后，人们对金钱、职业成功的重视程度加强，嫉妒之情大多起于此。

从空间来讲，人们极容易嫉妒近在眼前的人。比如，一个单位的职员，其上升道路上的竞争对手是与他同期的同事，至多是同一公司的同事，他绝不可能嫉妒远在美国的同行；一个人不会嫉妒新闻上那个买彩票中了五百万元的幸运儿，但是如果那个幸运儿是他的邻居，他可能会寝食难安；一个不得志的作家不会嫉妒曹雪芹或莎士比亚，可如果他老婆的小说获了大奖，一举成名，他的心里却会不是滋味。

研究表明，六个月大的婴儿在他们的妈妈与其他婴儿互动时就会表现出嫉妒，这种情绪也存在于其他群居性动物中。研究者发现，当狗主人与一只假狗互动时，他们的宠物表现出的嫉妒行为超过主人与书籍或者与灯笼互动时的嫉妒表现。

影响嫉妒的因素包括家庭环境、父母教养、社会导向等。生于大富之家的人，通常不会在物质方面产生嫉妒；家庭教育良好的人，即使心生嫉妒，其个人修养也有助于对抗这种情绪。社会环境的变化会左右群体嫉妒心理的变化，在社会竞争激烈、社会资源匮乏的年代，人们的生活和工作中充满了竞争，嫉妒情绪就会比较常见，而我们要学会将其转化为积极的力量。

第四章

无处不在的小淘气
——情绪变化

我们每天都在面对不同的情绪状态，开心、失落、焦虑、紧张、悔恨、愧疚、嫉妒、悲伤……在公园散步的时候，我们身心舒展、脚步轻盈、心情愉快；面对重要的考试时，我们紧张、焦虑，肌肉僵硬、手心出汗；排了两个小时的队，终于见到盼望已久的偶像，我们激动无比。人的情绪时刻都在发生变化，因为时间地点的变化，因为刺激情境的变化。

在这一章里，我们将一起体验情绪的变化：人在恋爱中起起落落的情绪变化，艺术家如何用情绪感染观众，工作场合如何巧妙地控制情绪的收与放，运动员的情绪管理。

❖ 谈一场恋爱——心情就像过山车

欣怡刚从国外采风回来，一进家门，她的手机就响了起来。不出意外，一定是可可。欣怡出差之前，可可就在和她男朋友大伟闹分手，本以为她闹一闹，对方哄一哄，过两天就没事了，以往他们的分手戏码都是这样演的。没想到，这一次战线拉得这么长，看样子情况有些危急。

洗澡、整理行李和图片，待一切处理妥当，欣怡舒服地躺在床上，把电话拨了回去。“我和大伟分手了！”电话那头传来可可的声音，她继续道，“这次是真的。”

“三个月前，你说过同样的话。”

“这次肯定分，我已经受不了他了。”

欣怡听可可把他们吵架的来龙去脉讲了讲，感觉她这次准备动真格了。可是在欣怡的记忆里，他们这十个月的恋爱一直轰轰烈烈，比爱情电影的剧情还要精彩，充满戏剧张力。可可和大伟过恋爱一百天纪念日的时候，甜蜜地安排了一天的行程，又是玩攀岩，又是看电影，又是吃大餐，欣怡的朋友圈一整天被两个人秀恩爱的照片刷屏。到了晚上，可可肿着眼睛跑到欣怡家，说他们分手了。欣怡诧异，一整天都好好的，还刷爆朋友圈，晚上就分手，这是什么节奏？可可说，在回家的路上，他们因为琐事大吵起来，她吵着要下车，大伟竟然真的让她下车，然后自己开车走了。

可可在欣怡家住了两天，心里着急得不行，担心她不在家，没人给大伟做早饭，担心他晚上出去应酬，喝醉了没人照顾。第三天，可可几乎要疯掉，忍不住对大伟的思念，又拉不下脸自己主动回家。好在当天下午大伟就把她接回了家，两个人和好如初，又开始秀恩爱的小日子。

可可打电话对欣怡说，大伟和同事聚餐，把她也叫过去了，这是她第一次见到他的同事。见过大伟所有的同事之后，可可仿佛看到了他全新的一面，再次被他的自信和帅气迷住了。

休年假时，两人一起去了泰国，玩得不亦乐乎，感情比以前更好了。可过了一阵子，两人又吵得不可开交，然后闹分手，离家出走，最后和好如初。目睹这两个人反反复复分手、和好、分手、和好，欣怡对这句“我和大伟分手了”已经麻木，她本着“宁拆十座庙，不破一桩婚”的原则，安抚着可可的心情，反正可可不过是闹一闹，就像晴转雷阵雨的天气一样，最后还是会雨过天晴的。所谓欢喜冤家就是他们这个样子吧，分分合合，合合分分，到最后发现他们仍然是彼此适合的人。

可可平静道：“说实话，过了热恋期后，我就开始怀疑大伟是不是真的适合我。我一直搞不懂他这个人是怎么回事儿，每次吵架时，他永远挑最难听的话说，一点都不留情面，和好了之后，他又像变了个人一样，整天腻腻歪歪地黏着我。谈个恋爱，心情搞得像坐过山车一样，一会儿天上，一会儿地下，这么大起大落的，我不敢想象，如果结婚的话我怎么和这样的人走一辈子。”

“你不也是这样嘛，还说别人！”

“可我不像他那么绝情啊。”

听闺密倒苦水，似乎比出差工作还要辛苦。可可在电话里批斗了大伟一个小时，欣怡还是劝她冷静冷静。

两个月后，待欣怡再次采风归来，可可已经和大伟领证结婚了。可可说：“我们说好分开一段时间，彼此不打电话，不见面，好好想一想，究竟是要继续下去还是就此分手。”

“最后你们发现还是深爱着彼此，就结婚了？”

“哪有那么简单，你听我说呀，就差不多分开一个月的时间吧，有一天我去买面包，就咱俩经常去的那家面包店，在面包店门口碰见他了，真的是偶遇，不是事先约好的！一见到他，我就忍不住开始大哭，整个人泪如雨下，结果把他也惹哭了，我们就抱在一起大哭！”

“你们两个在面包店门口抱着大哭？”

“对呀！”

“天啊，这么丢脸的事，只有你们两个人才做得出来！”

“有什么丢脸的，这是真爱啊。哭完了，我说‘宝贝，我好想你’。他说‘宝贝，我也好想你，没有你的日子，我感觉自己快要死掉了’。”

“没有你的日子，我感觉自己快要死掉了！天啊，好肉麻！”欣怡说。

“肉麻什么，这就是爱……”可可得意地炫耀她的钻戒。看来，可可和大伟之间的“爱情偶像剧”会不断演下去，继续惊天动地，轰轰烈烈。

众所周知，爱情往往会带来生理和情绪上的波动，令人开心、伤心、兴奋、失眠。与爱人甜蜜相处时，心跳加速、呼吸加速，伴随着强烈的性冲动，可是恋情一旦遭遇小挫折，整个人又会变得焦虑、恐慌、嫉妒和绝望。在爱情中，人们往往丧失理性，完全变成情绪化的动物，所以说爱情是盲目的。所谓为爱痴狂，所谓情人眼里出西施，尽管事实并非如此。

谈起恋爱来，人的情绪波动不可预期，无法自控。恋爱中的人表现出强烈的情感依赖，占有欲、嫉妒心增强，伴有严重的分离焦虑。毕竟爱情是自私的，不能与他人分享，于是独占意识、排他意识分外强烈，无端怀疑、极端妒忌往往容易发生。

恋爱前三个月，彼此看对方都是完美的，觉得自己的恋人是世界上独一无二的存在，满脑子都是对方的优点，对其不足和缺陷视而不见。这是体内肾上腺素激增导致的，可惜脑子充满恋爱幸福的人不会这样想。有时候，恋爱的感觉来了，却不一定是因为真命天子或天女降临，而是来自错觉——恋爱中的情绪体验，不是来自对方的吸引力，而是来自我们自己的生理唤醒。著名的吊桥实验证明了这一点。

在吊桥实验中，实验设计者找到漂亮的女性作为研究助手，由她在一些大学男生中做一个调查。第一组实验，地点是在一架悬在峡谷之间的吊桥上，桥身狭窄且不稳当，人站上去会来回摇晃。第二组实验，地点是在一座悬在峡谷之间的木桥上，桥身宽大且坚固稳定。实验的内容是，实验助手要求参与者根据一张图片编故事，此外，为了方便以后可以随时联系，实验助手还会留下自己的电话。实验设计者想要观察参与者编了什么样的故事以及实验后有哪些人给实验助手打电话。结果发现，在第一个调查地点参与实验的大学男生，有超过一半的人给实验助手打电话，他们编的故事里包含更多浪漫情爱的成分；在第二个调查地点参与实验的大学男生，只有 1/8 的人给实验助手打电话，而且他们编的故事较平淡，较少有浪漫情爱的成分。

之所以会出现这样的结果，和参与者在参与实验时的生理唤醒有关。当人处在狭窄且不稳当的吊桥之上，会出现心跳加速、呼吸急促、面红耳赤的反应，这种反应类似遇到心仪对象时的生理表现，导致参与者出现归因错误。到底是危险刺激的情境让人有如此体验，还是眼前的漂亮女性让自己意乱情迷、怦然心动？有趣的是，尽管有人很理智地进行分析，大部分人还是愿意选择后者——他们更倾向于相信那种感觉来自爱情。

❖ 表演情绪——生活如同戏剧

所谓表演情绪或许可以这样理解：演员过多地用情绪来表达情感。当角色陷入痛苦时，演员努力地挤两滴眼泪或痛哭失声，以示痛苦；角色处在快乐的状态时，演员就微微一笑或哈哈大笑。所谓七情上脸，让表演由许多表情和腔调堆积起来，看似安排有序，行云流水，其实只是在表演情绪，根本不走心。表演专家说过，表演一定不能流于表面，即“表演情绪”。

真诚的表演是演员不把注意力放在情绪上，而是专注于人物的内心活动，说什么台词、做什么表情都不重要，重要的是清晰地知道人物的情绪状态、内心潜台词是什么以及人物内心真正想要表达什么。一定要深入人物的内心，那样的话，角色的情绪和状态才会变得真实，自然能打动观众。

打一个比方，如果将演员的情绪积累比作一个中药铺，表演需要的哭腔、苦脸、笑腔、喜脸、悲喜交集、柔情蜜意分别放在不同的药匣子里，当情境需要时，他们就从这个匣子里拿一点，那个匣子里拿一点，凑出十样八样，足够成一味药，好像这个角色就诞生了。可是，药材的配比需要药方子做指导，没有药方，胡乱配凑的药不但不能治病，反而会害人。放在表演里，演员使用这种直接诉诸情绪记忆的办法，只是虚有其表地搭建形式，并不能引起舞台情感，更不用说与观众产生共鸣。

浅显地看，那些声嘶力竭、大吼大叫表达情绪的表演方式都可以归到“表演情绪”这一类。不管是英明、伟大、振奋、豪迈，还是不羁、落寞、困顿、孤寂，一律用不着边际的表演热情凑合。表演情绪是很多年轻演员容易沾染的毛病，也有其自身表演热情过度的因素作祟，如果所有演员都沿着这条路走下去，未来观众在电视或影院里只能看“尽皆过火，尽是癫狂”的表演了。

在戏剧艺术中，表演情绪被斥责为不专业、不走心的演技。在人生的舞台中，若是套用表演情绪的方法生活，恐怕要闹出拙劣的笑话，严重者可能被归类为人格障碍。在人格障碍中，有一种类型叫表演型人格障碍，这类人格障碍以人格不成熟和情绪不稳定为特征。情绪多变方面，表现为极端的情绪化，易激动，喜怒哀乐都是直接通过表情释放，时而怒不可遏，咄咄逼人，时而脆弱敏感，像个受伤的孩子，需要别人的安慰和陪伴。他们无法忍受平平淡淡的生活，不停地追求刺激，希望生活似戏剧一样热闹，一举一动都被人注视，受人评判。一般认为，表演型人格障碍的发病人群多为 25 岁以下的女性。最近的研究发现，男性也会成为表演型人格障碍患者，且男性患者一般会出现行为女性化、反社会和暴力的倾向。

表演型人格障碍患者的情绪障碍最明显的就是情绪的极端化。一会儿热情，一会儿冷漠，一点小事就能激怒他们，他们也会以非常情绪化的行为应对一切生活变故。有人比喻这类人是“情感吸血鬼”，他们会无止境地索取他人的关爱，吸引他人的注意力，同时又毫不留情地伤害他人，最终他们的人际关系遭到破坏，那些爱他们的人都被他们伤害得体无完肤。

有人会说，如果表演型人格障碍患者去演戏，在戏剧里癫狂，岂不是一举两得。实际上，演员当中的确有一些拥有表演型人格，他们是否到了人格障碍的地步、影响其生活我们不得而知，在某种程度上，表演型人格与表演本身是互相成全的。我们且来看看这样一位女演员的表现吧，我们暂且叫她赛茜。

赛茜被星探挖掘，高中毕业即拍了人生中的第一个广告，从此开始走上了演艺道路。凭借姣好的面容和天生的灵气，赛茜前两部作品就有了不俗的成绩，不仅票房收入可观，她自己还获得了最佳新人奖。演戏的同时，赛茜也录制唱片，开启了她的歌手生涯。电影、音乐两栖同步发展，赛茜的成绩越来越好，成为一个备受瞩目的新星。入行第六年，她一改往日清纯玉女的形象，出演了一个生活在社会底层的小人物，一举获得最佳女主角奖。

演艺事业全面开花，赛茜的演技有目共睹。一位曾经与她合作过的导演说，赛茜是一个有天赋、有能力的演员，她的表演有层次，于细节处动人。在没有台词的情况下，她凭借眼神就能交代细微情节；在配合台词和动作的情况下，她则能把表情的节奏掌握得非常好，情绪转变的时候流畅利落。不管是聒噪低俗的风尘女子，还是挣扎在社会底层的小人物，抑或是天真可爱的小女生，为爱痴狂的彪悍女，赛茜都能轻松把握，做出精彩的表演。

和荧幕上的故事相比，赛茜的个人生活更具有戏剧性。简单来说，赛茜是一个为爱痴狂的女人，而且她的每一次恋爱都大大方方地公开，让感情生活暴露在镁光灯下。入行之后，赛茜的第一个恋爱对象是同剧组的男演员。这一场恋爱谈得高调，轰轰烈烈，赛茜为对方全情付出。在一次新闻采访中，赛茜对记者说，男朋友的快乐是她全部的快乐，如果男朋友明天跟她求婚，她会马上答应，然后息影回家，做一个全职主妇。可惜好景不长，恋爱不到一年，两人因为聚少离多、感情变淡分手。

失恋之后，赛茜受到了严重刺激。她疯狂地购物，刷爆了所有信用卡。她在两个月内暴瘦了 30 斤，让原本瘦弱的身体看起来更加单薄。更严重的是，她在拍戏过程中，因为真情入戏，在片场崩溃大哭，一度昏厥被救护车送到医院。可以这样推测，艺术来源于生活，若不是本身就如此情感丰富、情绪多变，赛茜也没办法在荧幕上塑造出那么多性格不同的人物形象。

在情场里寻寻觅觅，赛茜在30岁那年找到了她的真命天子，她如愿息影，回归家庭，成为一名家庭主妇。虽然不再有电影作品问世，也不再唱歌录碟，但赛茜的一举一动会一如既往地呈现给她的粉丝。婚后，赛茜每日在社交网络上秀恩爱，准备生孩子后，备孕、怀孕、生子、产后减肥、养生，事无巨细，她都高调地让全世界知道。

又是好景不长，婚后几年，赛茜的老公和他的前女友旧情复燃。两个人拉拉扯扯了一段时间，终究还是以离婚收场。离婚后，赛茜成了一位单亲妈妈，开始复出工作。结婚后，她没日没夜地秀恩爱；离婚后，她开始三不五时地卖悲惨。每次遇到记者，她都是一副笑中带泪、故作隐忍的受伤表情，卖力地表演她作为单亲妈妈的辛苦，她的眼泪感动了观众，但没能感动她的前夫。

赛茜一个人带孩子去幼儿园，孩子爸爸却在陪新女友试礼服，儿子好惨；离婚之后，她的儿子如同包包一样被她随身携带，不管是拍戏还是拍广告，有她的身影，就有她儿子的身影，时时刻刻向世界宣告单亲妈妈的不容易。离婚五年后，赛茜的前夫在一个聚会上对友人提起他的前妻，说她的生活就像是一场真人秀，陪她一起会很累。

人生如戏。人生这出戏和舞台上的戏有着异曲同工的道理。人生的演出不只是发泄情绪，全力投入之后让自己感觉很爽，更多的时候，我们要了解内心的真实想法，掌握内在需求，将人生的独特在踏踏实实、不动声色间展露出来。

❖ 职场是否需要伪装——职场情绪

一大早出门，刘曼在路边苦等出租车，可惜迎面而来的车子不是客满就是匆匆而过，好不容易拦到一辆空车，她兴奋地伸手拉车门，突然从车尾处冲出来一个人，一个健步开了她前面的车门，坐在了副驾驶的位置上。刘曼气愤道："女士，是我先拦的车。"

"对不起，我已经坐进来了！"对方毫不退让。

"你这人，我在这儿站半天了，你没看见啊？"

"我大老远跑过来，你没看见啊？"

"我赶时间。"

"我也赶时间！"

两人争执不下，司机不耐烦道："你们两个到底谁走？我还赶时间呢！"见那人屁股坐得死死的，没有一点退让的意思，刘曼只好下车。她关车门时，车里那人幸灾乐祸地说："大姐您等半天了，也不差再多等这么一会儿！"刘曼送她一个白眼，道："你可真会说话！"

一出门就碰见不讲道理的人，刘曼怒气难消，气冲冲地进了办公室。她才坐下来，同事小威过来催她道："曼姐，交材料了，就剩你没交了。"刘曼脑子里咒骂着那个无赖路人，眼前又来一个不识相的同事，见他态度坚定的样子，分明是拿不到东西就不走人。她心中火冒三丈，心想："现在的年轻人就不能有点眼力见儿吗，你没看见我很烦啊，偏偏挑这个时候来，东西晚一点交会死人吗？"

有那么一瞬间，刘曼特别想把内心的真实想法丢给他，让他长长记性，不要每天跟个木头一样，死脑筋地工作。她转身倒了一杯水，做了一个深呼吸，转身看见笑眯眯的小威，她勉强挤着笑脸，对他说：“你先回去吧，给我五分钟，完事我给你送过去。”

“那行，曼姐，五分钟，我等你哈！”

小威走后，刘曼有些后怕，毕竟有那么一瞬间，她真的要脱口而出，把打车受的气无理由地发泄在小威身上。幸好，她想起了老师的教诲：一个出色的员工必定是一个出色的演员。她这个老戏骨，怎么能马失前蹄呢？

刘曼在这家公司里已经工作了十年，这十年里，她从一个莽莽撞撞的实习生变成了一个进退得当的老员工，经验积累了许多，演技也精进了不少。对她来说，工作中难免会遇到各种事情，这会儿开心，过一会儿就烦心，喜欢的人有，看一眼就火冒三丈的人也有。

对她来说，工作中的情绪管理不是时时刻刻压抑自己的情绪，适当的情绪释放也是情绪管理的一部分。比如，上个月，因为美玲准备文件时犯了一个低级错误，害得老总批错了一堆文件，连累到好几个部门的经理。平时，总结这一类工作失误她只需要15分钟，那一天，她在办公室骂了美玲两个小时。下班之前，刘曼买了一份咖啡，送给闷闷不乐的美玲，对她说：“还垂头丧气呢？”

“曼姐，我没有。”美玲说。

“我刚刚反省了一下，我话说得有点重，你别放在心上啊！”刘曼轻声说道。

“怎么会，你肯花时间陪我总结经验教训，我应该谢谢你才对。”美玲诚恳地说。

“谢就不用了，以后工作多用点心就行了。”刘曼嘱咐道。

职场是一个需要并且强调控制情绪的地方。员工的优秀不仅体现在工作能力、人际关系管理上，情绪管理同样重要。没有人愿意和一个情绪不稳定的人一起工作，不稳定的情绪会影响个人能力的发挥，更会影响团队的氛围。谁是真正善于管理情绪的高手呢？是那个不仅能够控制情绪，还能善用情绪的人。

很多人误以为控制情绪等于压抑情绪，因为工作中的很多场合，人的情绪的确是被压抑的。被老板教训，即使心里不爽，也不能畅快地发泄出来，除非你第二天不想上班了；团队工作遇到瓶颈，明知道是有些人思维僵化、不肯变通的问题，却不能直截了当地指出来，不满、焦虑和怨恨憋在心里；失恋了，办公室里并不允许你痛痛快快地哭一场……职场是所有人的，不属于某一个个体。

如果不想百分百地压抑自己，那该怎么办呢？我们可以尝试运用情绪，让情绪为我所用。许多情绪自控能力强的人，能做到前一秒拍案而起，后一秒喜笑颜开，他们把愤怒的情绪当作一种工具，运用到工作中的适当场合。比如，有的同事在开会时与人认认真真地争论，意见不合导致不欢而散，实实在在地伤了同事和气；有的同事看起来大吼大叫，与人争执得脸红脖子粗，出了会议室却又和对方谈笑风生，好像刚才的一切没有发生一样。

这涉及开篇故事里的刘曼提到的那个问题：一个出色的员工必定是一个出色的演员。也就是说，前一秒的拍案而起与后一秒的喜笑颜开不过是在秀演技而已。心理学实验发现，当演员在演出某种情绪时，其生理反应与一般人发自内心地达到某种情绪状态时完全相同、毫无差别。如愤怒，演员表演的愤怒和真实情境中的愤怒，在生理指标上没有区别，只是表演愤怒时，当事人自知自觉，情绪可控。这就意味着如果接受一定的训练，职员也可以变成演员，从而助力工作表现。

职场人肯定无法专门去学一门演艺课程来加强自己对情绪的控制，很多情况下，多年的工作经验积累让人不自觉地掌握了这一技能。这种方法同样适用于情绪低落、无心工作时，尝试调动快乐的情绪，对着镜子微笑、做深呼吸，让自己演出一种快乐的状态，只要完全专注，身心投入，积极的工作情绪就会出现。

话说回来，这并非要求职场菜鸟照着《甄嬛传》练习演技，加入职场宫斗。情绪上的控制是为了更好地应对工作环境中的奇葩存在。比如，某个同事让你十分讨厌，如何与他和平地相处下去，这需要“演技”；如果遇到奇葩的上司，情绪阴晴不定，朝令夕改，如何在他手底下安稳地工作下去，这需要“演技”。职场如同生活，我们既在演戏，也在看戏；既是演员，也是观众。就像卞之琳那首诗里说的一样：“你站在桥上看风景，看风景的人在楼上看你。明月装饰了你的窗子，你装饰了别人的梦。”

❖ 失控的齐达内——运动员情绪

每四年一次的世界杯总能掀起足球迷的癫狂，有比赛进行的每个夏夜都是狂欢夜。甭管是真球迷还是伪球迷，大家都有模有样地看起了球赛，并且投以最大的热情，为它欢喜为它忧。

时间回到十余年前，老球迷永远记得那一届世界杯的比赛，决赛队伍是法国队和意大利队，最终意大利队通过点球大战以 5∶3 的比分击败了法国队夺冠。那场比赛中，最令人难忘的一幕是法国队队员齐达内在加时赛中用头撞击意大利队队员马特拉齐被红牌罚下，提早结束了法国队的夺冠之路。

每一场足球赛事都是这样，人们在体会足球精神，感受足球快乐之外，球场上的争议也会成为茶余饭后的谈资，令人发指的犯规、假动作和奇怪的裁判判罚，几乎每一届世界杯都有令人难忘的时刻，齐达内的这一张红牌无疑成为那届世界杯的重要转折点。

事出突然，所有人都很意外。那一届世界杯比赛时齐达内已经 34 岁，比赛之前，他在皇家马德里队已经向所有爱戴他的球迷告别，法国队一路挺进决赛，他和他的队友都希望拿到大力神杯，用最完美的方式与足球告别。比赛进行到加时赛的 118 分钟，法国队一直表现出明显的优势，起决定作用的正是作为队长兼主力队员的齐达内。所有人都认为，比赛结果已经毫无悬念，法国队必能摘取桂冠，但意想不到的事情发生了。齐达内被罚下后，法国队失去了核心人物，开始阵脚大乱，唾手可得的冠军奖杯就这样无奈地拱手送给他人。

为什么齐达内会突然间情绪失控？在赛后的采访中，齐达内对记者说，马特拉齐在他身边说了侮辱人的话，内容涉及他的妈妈和他的姐姐，第一次听到时他本想离开，可是听到第二次、第三次，他就失控了。不过，马特拉齐在接受意大利媒体的采访时说，他并没有对齐达内的母亲有过非议，但是说过一句与他姐姐相关的垃圾话。

有人猜测这根本就是意大利队的战术之一，他们要制造混乱，让法国队的主力队员下场。在比赛开始前，另一位主力队员亨利在闯进意大利队禁区时被意大利队后卫弄伤了。让齐达内吃一张红牌，等于铲平了意大利队夺冠之路的所有障碍。失去主力队员，法国队的士气势必受到影响，意大利队可以乘虚而入，果然，在点球大战里意大利队赢了。不需详细考证细节，所有人在事后的赛事录像上看到的是，齐达内情绪失控，法国队与冠军奖杯失之交臂。以这样的方式退役，导致这场比赛成了他的终生遗憾。

在球场上，球员互喷垃圾话非常常见，虽然作为战术会产生一定的效果，但是刻意戳别人痛处或带有侮辱性质的、种族歧视及宗教歧视的语言往往会被人鄙视，有时还会造成球员之间的暴力冲突。垃圾话也是考验运动员心理素质的一个环节，不是每一个运动员都会像齐达内那样情绪失控、对人动粗，更多的时候，运动员还是能控制住自己的情绪的。

当今的竞技体育比赛，双方能力之间的差异已经非常小，能走上国际舞台的运动员的身体素质和技术训练都已经非常好，起关键作用的是心理素质。一般认为，真正优秀的运动员需要具备九大心理素质，分别是积极的心态、高水平的自励、设置远大的目标、高效率地处理人际关系、积极地自我对话、进行积极的想象、有效地抗焦虑、保持专注和有效地控制情绪。激动也好，愤怒、失望也好，这些强烈的情绪体验可以是训练进步的辅助，也可能成为比赛时的巨大障碍。

有句话说，理性是激情的奴仆。有理性的指导，情绪可以成为终极动力，激励运动员达到顶峰。情绪被牢牢地掌控在理性范围之内，赛场上的情绪波动便可控；如果失去对情绪的控制，情绪就会成为比赛的干扰项。当然，作为运动员，对情绪的控制不只是在赛场上，赛前赛后的表现也能体现一个运动员的综合素质。

运动员应该如何控制自己的情绪以及合理表达情绪呢？这是一门高深的学问。赛场是一个神奇的地方，不管平时多么理智的人，一旦进入比赛就会在不知不觉中被情绪所控制。初出茅庐的运动员在赛场上更容易兴奋，而久经沙场的老运动员则面临着各种各样的压力，他们会为了自己的失误而懊恼。每个运动员都有心魔，优秀的人在于懂得把恐惧转化为动力，而不是让情绪接管自己的身体，导致表现失常。

第五章

情绪的真正主人——大脑

虽然人们常用心潮澎湃、灰心丧气、心如刀割、心花怒放、忧心忡忡这些与“心”相关的词语来形容情绪状态，但是情绪的真正主人却不是心脏，而是大脑。

大脑有两个系统负责处理情绪，分别是大脑皮层和边缘系统，这也是大脑的主要构成部分。与情绪相关的区域包括深层边缘系统、前额皮质、前扣带回、基底核、颞叶等。此外，下丘脑、杏仁核等大脑结构也会影响人的情绪。大脑每一个结构的活动都不是孤立的，而是互相联系、互相影响的。大脑结构互相联系的媒介是通过不同的化学物质，包括谷氨酸、γ－氨基丁酸、5－羟色胺、肾上腺素、多巴胺等，情绪问题和疾病涉及大脑的局部结构，有时候也包括不同结构之间的联系受损和不平衡、化学物质的分泌异常等。

这一章里，我们将走进大脑这个庞杂的迷宫，了解真正左右我们情绪的大脑结构。它们在哪里、长什么样子，又是如何影响外在情绪变化的？还等什么，一起来探个究竟吧！

❖ 脑电信号里的喜悲——脑电图知我心

我们的身体会随着情绪的变化出现不同的生理数值，如兴奋时血压升高、心跳加速，这些是自主神经系统在起作用。当外界刺激导致人发生情绪变化时，血液流速、神经递质分泌量等随之发生改变，从而使得身体动作改变，以便应对接下来发生的状况。

实验表明，人在不同的情绪状态下，胸部和头部的生理变化最为明显，因为人的呼吸、心率和面部表情的改变都发生在胸部及以上的位置。当然，剧烈的情绪波动会牵扯全身的变化，如人在愤怒、开心、悲伤和绝望时，上臂感觉会不同程度地被激活或受到抑制。人在体验厌恶情绪时会明显地引起消化系统的不适。所有情绪中，只有在真正开心时会激活全身的区域。

在众多研究人类情绪的途径中，脑电波是最早被关注的一种。情绪的变化其外部表现体现在面部表情、肢体动作、语音语调等方面，最本质的变化则是脑电信号的变化。可以说，情绪的变化就是脑电信号的差异。对脑电信号进行研究，首先是分析脑电图，这项技术对神经科学、情绪认知和音乐治疗具有重要的意义。

什么是脑电图？依据电极的安放准则，将测试电极放置在大脑需要测量的部位，采集到的信号就是脑电图。脑电图宏观上可以反映大脑的活动，微观上则反映大脑细胞群的放电状态。但是，脑电信号是一种非常微弱的生理信号，采集脑电信号时，脑电信息特别容易淹没在众多外界干扰信号和无关的生理信号中。

人们根据脑细胞群的放电节律研究出脑电信号的规律，并且将不同情绪状态下的脑电波按照频率进行分类。大体上，当人体处在平静放松状态且开始有睡意时，大脑会出现 θ 波，θ 波频率缓慢，一般在大脑的海马体处能够记录到，θ 波与大脑的思考、记忆和学习过程有关。α 波在脑电信号中表现最明显，在大脑的顶部容易检测到，当正常成年人处在安静且闭目状态时，α 波出现。β 波分布在大脑颞叶部分和大脑的前半球，在整个大脑范围都能检测到，当大脑的中枢神经系统开始激烈活动或人体处在紧张的状态时，β 波出现。一旦注意力集中，大脑进入兴奋状态，β 波就会增多。

人处在不同年龄段时，脑电信号的频率分布会发生变化。从儿童到成年，θ 波逐渐减少，α 波逐渐占据主导地位。除此之外，脑电信号随着人的精神状态而变化，人在睡觉时 β 波减少。精神疾病患者的脑电信号可谓瞬息万变，如癫痫病人在发病时其脑电信号出现异常的波形，人们凭肉眼就能分辨异常。相应地，观测癫痫病人的脑电变化是观察、分析病情的一种方式。

和物理学的研究对象相比，情绪是一个非常混沌的研究对象，快乐与兴奋、悲伤与痛苦，它们之间并不存在明确的界限，通过脑电信号来识别这些情绪非常困难。因此在实验中，实验设计者常常将人的情绪归为简单的两大类，正面和负面，喜欢和厌恶，愉快和悲伤，平静与兴奋等。按照这种大略的区分，目前已经有与脑电波相关的高科技产品问世。

2015 年，优衣库在澳大利亚的店铺推出一款叫 Umood 的智能选衣系统，利用脑电波来检测顾客的情绪变化，为顾客推荐服装款式和颜色。使用 Umood 时，顾客需要戴上一款像耳机一样的传感器，然后面对大屏幕。屏幕上会播出几段视频，如森林里读书的女人、一只猫、跳舞的男人、樱花落下等场景。每一个视频片段对应着相应的情绪状态，顾客在观看的过程中，其脑电信号的变化会被感应器接收并记录下来。随后，系统将收集到的信号处理为兴趣点、喜好、专注、压力以及困意这五大指标，对应匹配优衣库的服装产品。目前为止，Umood智能选衣系统并没有在优衣库的全球门店推出，不过这种将高科技与客户体验结合在一起的尝试将成为未来的一种趋势。

脑电波技术的思路其实很简单，就是采集人类的脑电信号，利用大数据技术找出规律性，从而进一步翻译成机器可识别的信号。在使用相关设备时，头部戴上安装有传感器的装置，传感器与电脑相连，能够将脑电信号转化为电脑信号，经过数据运算后，将分析结果处理为需要的报告。由于人在不同情绪状态下脑电波是不同的，这就实现了人机互动。

如果未来有一天，技术水平达到完美，人类就真的能够实现用意念来控制物体。比如，“脑电波电动轮椅”，只要人的大脑产生了“移动”的脑电信号，就能控制轮椅的移动；“脑电波手机”，用意志就能控制手机的开关，甚至使用手机里的APP。这种畅想在宝马改装的一款电动汽车上已经得到初步的实现，这款电动车可以将驾驶员的脑电波翻译成驾驶指令，控制车子在一个曲线跑道上行驶。但是这项技术尚处于实验阶段，无法大范围地进行商业推广。

话说回来，通过非植入式的脑电设备采集脑电信号，然后进行数据分析，的确可以感受到参与者的情绪波动，但是在收集脑电信号的过程中，观测数据会受到眼电、肌电等环境变数的影响。尽管实验者在数据处理时会利用各种手段，尽可能地去除大部分干扰，但实验结果仍会受到一定影响。在脑电信号处理过程中，来自内部和外界的干扰是全世界脑电信号研究者共同面对的难题。相信在未来，随着科技的发展，新的高效的算法会被提出来，到时候实验结果会变得越来越精确，通过脑电波准确检测人类情绪变化就有可能实现，并且在实验室外大规模推广。

❖ 识别七情六欲——研究情绪高科技

王菲在《传奇》中唱道："只是因为在人群中多看了你一眼，再也没能忘掉你容颜，梦想着偶然能有一天再相见，从此我开始孤单思念。"在人群中多看了你一眼，足以产生令人无法抗拒的身体和心理反应，这便是心动的感觉。

上文已经说过，爱的主要器官不是心。在人群中多看的那一眼的感觉透过眼睛，进入大脑，直达丘脑。丘脑负责视觉信息的加工。我们在看人时，首先看的是对方的脸，面部能够透露一个人的情绪状态，负责人脸识别的区域与杏仁核及前额叶皮层相连，这是情绪体验的两个调节器。

恋爱是处于早期阶段还是处在热恋之中，一段恋爱关系能否维持长久，其实是可以量化的。研究者尝试用脑扫描的方式观察参与者的情绪反应，检测其见到恋人照片时的大脑活动。除了仪器检测，参与者还要完成问卷调查，对他们的恋爱关系进行评价。参与者需要回答的问题包括"×× 一直在我心中""×× 对我有着强烈的吸引力""我渴望了解他 / 她的全部"，参与者给这些陈述打分，心理学家通过这些看起来普通的问题来评估恋人的热恋程度。这是实验室情况下的情绪识别，需要相应设备的配合，更需要心理学家的专业素养。可见识别情绪并不那么容易。虽然有读心术、微表情观察术等通过观察人的面部表情、肢体表情变化判定情绪状态的技术，但是这些技术需要多年的经验和实践积累，并非读过一两本入门书籍就能成为读心专家。人们期待着，与其训练自身善于察言观色，不如有一台设备，可以透过人格面具直抵人心，判断对方是生气还是伪装生气，是开心还是假装开心。

毕竟，我们在生活中总会遇到一些令人摸不着头脑的时刻，比如，谈笑风生地吃着饭，女朋友突然不说话了，话题进行不下去，一顿饭越吃越尴尬，我们却不知道发生了什么事；领导的批示迟迟不见踪影，见面只道“你先忙自己的事情，稍后找你”，稍后是多久之后，我们不知道领导是生气我们的方案做得太烂，还是月底就打算让自己走人。此时我们多么希望有一只电子眼，一秒钟看透对方的心。

也有人说，人与人之间的交往，神秘感是重要的吸引力之一，尤其是恋爱中的男女，因彼此间的神秘感而心向往之，若是各自带一台仪器，把所有情绪都量化了，瞬间看透彼此，也就没什么恋爱好谈了。情绪识别技术并非奔着拆散天下有情人去的，而是为了让人能够更加了解自己的情绪状态，将情绪体验渗透到日常生活当中，丰富我们的生活。

秦姐的女儿贝贝特别容易紧张，无论随堂测验还是大型考试，她常常紧张得手心出汗。如果遇到大型舞蹈比赛，贝贝整个人都不好了，紧张得觉睡不好，饭也吃不好。经同事介绍，秦姐给贝贝做了一个紧张情绪量表，用数字1~10代表紧张的程度，1是轻微紧张，10是最紧张。用这个量表，秦姐随时观察贝贝的情绪，问她“现在是几了”“有没有到10啊”，帮助她调节紧张的情绪。

紧张量表效果不错，后来，她又做了生气量表和开心量表，同样是用数字代替生气、开心的程度，1代表只有一点点生气或开心，随着数字增加，情绪的程度增加，10代表情绪非常强烈。

夏令营开始之前，秦姐为贝贝准备好了外出旅行的东西，出发前一天，却怎么都找不到机票。本来秦姐已经找出来放在桌子上，贝贝和同学在家里玩了一下午，机票就不见了。秦姐和贝贝在家里找了好几遍都没有找到，贝贝把行李翻出来，衣服丢了一地，秦姐火气上来，说了贝贝两句，没想到贝贝也跟着炸毛，两个人吵了起来。

晚饭时，秦姐叫了外卖，两个人各坐餐桌一端，谁也不理谁。过了一会儿，贝贝说："妈，你现在生气是几？"

秦姐愣了一下，答道："我现在生气是2。"

"你还是2啊，我已经是0了。"

看着贝贝脸上的泪痕，秦姐忍不住笑道："现在我也是0了。"

吃过晚饭，两人回归了平静，重新翻找。没过一会儿，秦姐在书架上的文件夹里找到了机票，她恍然大悟，道："我就记得我收起来了，我怕你们几个一玩起来就把机票给搞丢了，原来被我放到这里了。"

"现在你开心是几？"贝贝问秦姐。

"开心啊，我开心是9。"秦姐答道。

"为什么是9？"贝贝问道。

"如果你把行李箱整理好，我就是10。"秦姐笑着说道。

"那你帮我？"贝贝问。

"好啊，咱俩一起整理！"秦姐说。

整理完行李箱，重新检查过夏令营需要带的东西，秦姐长舒一口气，道："我现在的开心是10。"

"我是11！"贝贝开心道。

"测量表里没有11。"秦姐说。

"我知道，我自己加到11，因为我比最开心还要开心！"贝贝欢呼着说。

"好吧，那我也是11了。"秦姐笑道。

看着贝贝开心的样子，想象不到在半个小时以前她们两个还在歇斯底里地对着彼此咆哮。更让秦姐开心的是，当初她用在贝贝身上的方法，如今已经被贝贝所掌握，并且可以反过来帮助她调节情绪。

情绪研究一直是心理学研究的重要组成部分，但是情绪研究对于使用实验室方法的心理学研究并不容易，因为情绪包含太多主观的因素，很难进行量化。像秦姐和贝贝用的这种“自制量表”或许可以对日常生活中的情绪波动起到一定的观察作用，但和科学化的情绪检测相距十万八千里。

情绪识别主要需要关注人的面部表情。心理学家将人脸分解为多个面部动作单元，这些面部单元互相组合，构成了人类的全部面部表情。通过分析每一个运动单元的运动特征，从而得出标准的面部表情，再从面部表情的变化推知人的情绪状态。因此，情绪识别的技术在于标注人的五官和轮廓，收集眼睛、嘴、鼻子等与表情相关的关键部位的信息，识别得到的表情将与已经数字化的表情编码系统进行对比，从而获得情绪信息。

近年来，随着科学技术的发展，一些具有量化情绪功能的传感设备陆续出现，借助这些设备，人们能够通过把握用户的情绪变化探知其心理变化，从而提供高效而人性化的产品体验。目前已经有不少企业潜心研究情绪识别技术，在汽车制造、互联网等领域都有相应产品问世。

2017 年，第四届世界互联网大会上，一款黑科技产品验证了“爱笑的人运气不会太差”这句话。这款产品名叫“Happy 购”，是基于情绪识别开发的一款产品。只要消费者对着仪器微笑就能获得相应的折扣，仪器会根据消费者的微笑程度进行判断，消费者表现出越多的喜欢，折扣力度就越大，购物时可以减免 20 元、30 元、50 元等。此外，“Happy 购”还可以根据消费者在某件商品前的驻足时间让消费者在商品和店铺之间产生个性化的互动。

通过特定设备量化人的七情六欲是未来智能化技术的重要方向之一。情绪识别技术可以应用到安全驾驶、广告效果测评、产品试用测评、情感机器人、医疗康复、教育、刑侦等多个领域，未来前景无限。

❖ 管好你的杏仁核——情绪控制总枢纽

前文提过，大脑有两个系统负责处理情绪，分别是大脑皮层和边缘系统。大脑边缘系统包括海马体、海马旁回、内嗅区、齿状回、扣带回、乳头体以及杏仁核等区域，这些区域与情绪息息相关，其中关联最大的是杏仁核。

杏仁核，顾名思义，它的形状大小如同一枚杏仁核，在大脑组织中占据微不足道的空间。这个看似不起眼的杏仁核在情绪控制中却起着极其重要的作用，影响基本情绪中的焦虑、恐惧等。

恐惧和焦虑是截然不同的两种情绪，但它们相辅相成。面临威胁性情境时，人会感到害怕；当威胁性情境超过能够承受的范围时便产生恐惧；如果无现实威胁却感到害怕，这便是焦虑。焦虑往往伴随着短暂的恐惧，反过来，非常强烈的恐惧可能导致焦虑障碍。焦虑障碍可能的原因是杏仁核及其他边缘或皮层下区域的阈值下降、过度激活、传导功能异常等，焦虑症患者对环境中的负面信息非常敏感，即是杏仁核过度活跃导致的。

在情绪成为神经科学的一个热门研究课题后，对恐惧、焦虑的神经通路及发生机制的研究获得了很大的进展。目前的研究显示，杏仁核这个复杂的核群至少可以分成 13 个核，包括侧核、基核、副基核、内核等。每一个核分工不同，相互作用，共同处理来自外界的刺激信息。

说起杏仁核的发现，时间要追溯到 20 世纪 30 年代。神经科学家为了研究致幻药物的功效，尝试通过手术切除一只猕猴的双侧颞叶。手术后，猕猴的行为发生了巨大的改变。原本，猕猴非常害怕蛇，手术之后，这只猕猴不再怕蛇，反而把蛇当成食物，抓起来就往嘴里送。这只猕猴不仅不再怕蛇，而且几乎变得无所畏惧，它不再害怕人类（以前见到人就缩到角落里），也不害怕曾经欺负过它的、比它强壮许多的猕猴。

这时候，神经科学家并不知道是杏仁核的切除导致这一切的发生，猕猴的行为改变吸引了他们的注意，一度忘记了实验的初衷。经过长时间的观察，他们将这只猕猴的表现描述为精神失明——因为没有相关记载，名字是科学家随便起的。科学家将其称为精神失明是因为这只猕猴并没有真的失明，它也没有丧失辨别物体的能力。它认识食物，认识同类，也认识人类，但它突然之间天不怕地不怕、感觉不到危险的存在，恐怕即使是老虎来了，它也敢在老虎的屁股上摸一把。

后来，科学家们发现，并不需要切除整个颞叶，只要切掉杏仁核，猕猴就会出现“精神失明”的症状。随着研究的深入，人们发现杏仁核与恐惧情绪密切关联。这种存在于爬行动物、哺乳动物以及人类大脑中的小小区域主宰着重要的情绪：恐惧。恐惧是关乎生死存亡的一种情绪，恐惧的存在首先确保了生命能够自保。想象一下，如果一只羚羊失去了恐惧感，它不害怕猎豹、狮子和老虎，也不害怕悬崖、瀑布和猎人，和老虎斗上三个回合、吃毒草也不在话下，那它能在野外环境下生存几天？即使是人类，在文明社会里失去了恐惧感，对迎面而来的汽车视而不见，不害怕毒蛇猛兽，也不害怕电闪雷鸣，更不在乎深夜 12 点敲门的人是不是坏人，这个人也很难健康长久地存活下去。

《自然神经科学》杂志曾经发表过一份案例报告，记录了一位因为大脑疾病而导致杏仁核受损的女士。这位女士对恐怖到令人尖叫的惊悚电影毫无感觉，对蛇、蜘蛛等最易让人害怕的动物也从不畏惧，她可以用手抓蛇，并且觉得它们很酷；面对鬼屋里的怪异场景和吓人的怪物，她不是一脸淡定就是放声大笑。由于不具备恐惧感，这位女士在与人交往时不会保持适当的谨慎，更无法侦测到潜在的威胁。她很容易相信别人，并且拿出巨大的热情与人接触，她的个人空间圈非常小，即使陌生人离她很近，也无法让她产生防备。

由于没有杏仁核帮助她根据周围环境来校正内在感觉，她从不恐惧，也无法预测危险。不过，她并非真的无所畏惧，当神经科学家让她戴上面具，吸入二氧化碳含量为35%的空气时，她终于感受到了恐惧，并报告说她感觉自己马上就会窒息，觉得自己会死掉。这是令人意外的实验结果，杏仁核功能异常的大脑，为何会感觉到恐惧？神经科学家尝试如此解释：大脑在处理死亡威胁时可能调用了其他部位的神经细胞，毕竟对死亡的恐惧是一种原始层面的恐惧，已经超出评估外界环境威胁的范围。

这位女士的人生中有过多次命悬一线的可怕经历，不懂得害怕和逃避危险使得她命途多舛。她曾经在家附近的公园里遇到一个男人，那个男人看起来神志不清，他招呼她过去，她就毫不犹豫地过去了。当她走近时，男人拿出小刀威胁要杀了她，所幸男人并没有下手。但这件事并没有让她长记性，第二天她照样走那条路。她自述当她还是小孩子的时候特别胆小，她曾经在路过墓地时被从树后跳出来的小伙伴吓得尖叫。她还遇到过一条恶狠狠的大狗，她被吓破了胆子，连动都不敢动。这都是她生病之前遇到的事情，但生病之后，她再也没有体验过这种感觉。

像这位女士的案例在现实中并不多见。大多数人接受着来自杏仁核的支配，体验着外界环境带来的恐惧或焦虑。不管是因为恐惧而浑身颤抖，还是因为焦虑而抓耳挠腮，都是受到这个小小杏仁核的驱动。此外，我们与环境之间的互动所形成的条件反射会以记忆的形式引起杏仁核的强烈反应。

与杏仁核异常有关的病症很常见，特别是恐惧情绪异常的精神疾病。在阿尔茨海默病患者中，最先出现神经元坏死和萎缩的区域是杏仁核和海马体，后者主要负责长时记忆的存储、转换和定向等功能。杏仁核功能异常导致大多数早期阿尔茨海默病患者的性格发生变化，主要是情绪异常，表现为焦虑、狂躁、易怒等。海马体功能下降则导致患者容易迷失方向，出了门就找不到自己家。杏仁核功能异常还与自闭症、焦虑症、创伤性应激障碍相关。

了解了发病机制与发病部位可以有效帮助临床的精神疾病治疗。在不远的将来，神经科学有望通过针对大脑特定区域的治疗减轻患者病痛，治愈杏仁核功能异常导致的各种疾病。

❖ 迷你化工厂——精悍的下丘脑

下丘脑又被称为丘脑下部，负责调节内脏活动和内分泌活动。下丘脑面积不大，分为三个区域，从前向后分别是视上部、结节部和乳头部。下丘脑连接许多内分泌系统和神经系统的神经，是内分泌系统和神经系统的中心，具有调节垂体前叶、合成神经垂体激素及控制自主神经的功能。简单来说，下丘脑将内脏活动与其他生理活动联系起来，负责控制水盐代谢、调节体温、摄食、睡眠、生殖、内脏活动以及情绪等。

科学家从动物实验中发现下丘脑具有控制体温调节的功能。动物接受下丘脑以下横切脑干的手术后，体温无法保持稳定，如果切除的是间脑以上的部分，体温调节并没有问题。由此得知，人体的体温调节器在下丘脑。后来，越来越多的实验证明下丘脑是人体的体温调节器，而且下丘脑的前部负责调节温度，那里有很多对温度敏感的神经元；后部负责整合体温，调整产生热量和散发热量的功能，从而保持人体的体温恒定。

下丘脑拥有控制食物摄取的中枢。用埋藏电极的方法刺激动物的下丘脑外侧，动物食欲增大；破坏这一区域，动物则拒绝进食。刺激动物的下丘脑内侧，动物拒绝进食；破坏这一区域，动物食欲增大。此外，用微电极刺激的方法也能检测到下丘脑对进食行为的控制，在饥饿情况下，下丘脑外侧区放电频率高，进食之后，下丘脑内侧区放电频率高。放电频率高即代表这一区域比较活跃。可以说，下丘脑同时拥有一个摄食中枢和一个饱食中枢，两者协调工作，互相制约。下丘脑控制水平衡，其工作原理和控制食物摄取差不多。当动物拒绝进食时，饮水量相应地减少；动物食欲增加时，饮水量自然跟着增多。下丘脑通过控制抗利尿激素的分泌来完成对水平衡的调节。

科学家对下丘脑进行研究最早采用的实验方法是用微电极刺激动物的神经系统，从而观察动物的情绪反应，当然也包括在不违背伦理的情况下对动物的某些大脑区域实施手术。实验中，研究者发现如果用电刺激猫的下丘脑，猫会变得非常愤怒，出现攻击行为，具体表现为毛发竖起、利爪张开等。如果在间脑水平以上切除猫的大脑，猫会变得兴奋亢进，张牙舞爪，样子像是在准备一场激烈的搏斗，这种行为被研究者称为“假怒”。平日里，因为有下丘脑的调节，一些微弱的刺激并不会变成激烈的反应表现出来。但下丘脑切除后，抑制被解除了，猫好像被解除了封印一般放飞自我。但这不是猫从环境中体验到的情绪，而是大脑结构发生变化导致的，所以被研究者称为“假怒”。研究者还发现，用电刺激下丘脑的不同位置，其表现出来的情绪和行为各有特征。比如，用电刺激下丘脑外侧区域，动物会出现攻击行为；用电刺激下丘脑背侧区域，动物则出现逃避行为。动物的攻击行为有助于我们了解下丘脑的神经机制及其功能，但是下丘脑的神经通路似乎只能解释行为表现，想要搞清楚到底是什么在支配情绪体验，需要科学家进一步研究，深入更高级的大脑皮层。

下丘脑有一些神经元身兼两职，既作为神经元起着传递神经信息的作用，又作为内分泌细胞参与体液调节的工作。我们把能够分泌肽类激素的细胞称为肽能神经元，下丘脑则包含许多小细胞的肽能神经元。打个比方，下丘脑就像是一个迷你化工厂，负责处理名叫“肽”的神经化学物质，这些物质包括调节脑垂体激素释放的激素，如促甲状腺激素释放激素、促性腺激素释放激素、促肾上腺皮质激素释放激素等。这些肽不仅可以在下丘脑产生，还可以在中枢系统的其他部位或其他组织产生。

既然下丘脑负责的功能有这么多，一旦下丘脑出了问题，那一定是大问题。下丘脑功能异常会导致饱食中枢失去功能，食欲增大，体重增加，Prade-Willi 综合征的主要成因便是下丘脑功能异常，患者出现肥胖、暴食、糖尿病、表情迟钝、性腺功能低下等；如果是下丘脑的摄食中枢受损则出现厌食，患者拒绝进食，身体消瘦，伴随肌肉无力、毛发脱落等症状。

下丘脑功能异常还可能导致睡眠异常、体温调节障碍、水平衡的调节障碍等。睡眠异常的症状表现为失眠或嗜睡，前者是持续几分钟、几小时，甚至数天、数周的难以入睡，后者则表现为持续睡眠、贪食、肥胖。

能力大，责任大，能者多劳，可是像下丘脑这样身兼多职，同时负责这么多功能，看来也不是好事呢，毕竟一旦出了问题就可能造成全身器官的功能紊乱。

❖ 让我欢喜让我忧——被神经递质左右

在中枢神经系统中，神经元突触之间传递信息最重要的方式是神经化学传递，神经递质便是在突触传递中扮演“信使”角色的化学物质。神经递质从突触前膜释放后立即与相应的突触后膜受体结合，产生突触去极化电位或超极化电位，导致突触后神经兴奋性升高或降低。神经递质有许多种，大体可以分为“刺激”和“抑制”两种类型，它们与特定受体成对匹配，产生某种情绪。

下面让我们来认识一些常见的神经递质。

乙酰胆碱是一种神经递质，它在组织内能够迅速被胆碱酯酶破坏，因此可以作用于各类胆碱受体。作为中介，乙酰胆碱促进积极的神经活动，几乎所有的情绪波动都与它有关，如推动思考力、注意力和随意性运动，控制唤起、注意、意识、知觉学习、睡眠和觉醒等。说来有些破坏美感，当情感丰富的文艺青年在月下伤春悲秋、思今怀古时，在神经科学家的眼中，那不过是神经突触大量释放乙酰胆碱的结果。

生活中我们会看到这样的现象，人老了，脑子开始不管用了，记忆力下降，经常丢三落四，这其实是大脑内乙酰胆碱含量逐渐减少的结果。在神经元被激活时，乙酰胆碱释放，被乙酰胆碱酯酶分解。如果缺少这种酶，大脑健康便会出问题，如记忆力减退、学习能力下降以及产生相应的情绪问题。人随着年龄的增长，参与制造乙酰胆碱的酶逐渐变得不够活跃，典型的症状就是记忆力下降，情况严重的话将发展为阿尔茨海默病。

众多神经递质中，令人又爱又恨的便是多巴胺。它控制动作、喜悦和行动力，让人反应强烈，感受明显，行为上过度活跃，不知疲倦，表现出惊人的积极性。多巴胺让人产生快感，最明显体现在热恋阶段的情侣身上。人在热恋时，注意力只集中在恋人身上，仿佛世界上只有他一个人，这种专一的注意力让人时刻沉浸在相思之中，“我想我已开始想念你，可是我刚刚才遇见了你”，因着这份痴情，恋人可以在写诗中度过无数个不眠之夜。

此外，饱餐一顿、疯狂购物、喝酒、吸烟时，多巴胺也会发挥自己的作用，让人体验到快乐的感觉。人在感受到快乐时，多巴胺会调节去甲肾上腺素和肾上腺素，使人变得兴奋，血管扩张、心跳加速。

有欢乐必有眼泪，热恋让人狂喜，失恋让人伤心。多巴胺是一种奖励型神经递质，而且持续时间很短，当热恋的高潮过去，人会感觉失落、无趣，曾经疯狂迷恋的对象也不那么有魅力了。于是，失恋的人想要挽回恋人，想要重新寻回多巴胺大量分泌带来的快乐体验。人饥饿了会继续寻找食物，再次体验饱腹的快感。药物依赖者的情况更严重些，由于外部物质的介入影响了身体自主的多巴胺分泌，过了药劲后，人会体验前所未有的无力和痛苦，身体的需要强迫成瘾者继续摄入药物以维持生理和心理上的快乐感觉。长时间下来，人体的耐药性提高，药物作用逐渐减弱，摄入的剂量不断加大，以至越陷越深，不能自拔。

如果将身体比作生产多巴胺的工厂，由于长期的药物依赖导致多巴胺依赖外界供给，而不是自行生产，身体工厂逐渐荒废。一旦外界摄入中断，多巴胺产量无法在短时间内达到身体需要的水平，人体会出现各种生理上的不适症状，如流涕流泪、头昏脑涨、乏力嗜睡，这就是所谓的戒断反应。

多巴胺也被认定和抑郁症有关。虽然目前对抑郁症的发病机制还没有完全掌握，多巴胺与抑郁症之间的准确关联也有待探索，但是多巴胺过多和过少都会引起抑郁症，这一点已经得到了一致认可。人们一度认为，抑郁是多巴胺缺少的结果，即多巴胺分泌减少，人会变得不快乐、悲伤、自我否定、做事缺乏动力、无法保持注意力集中等，这些都是和多巴胺正常分泌带来的积极效果相反的症状。不过，动物实验表明，过多的多巴胺同样会引起抑郁症状。对症下药，大部分治疗抑郁症的药物都有改变多巴胺分泌水平的作用。

再说说其他的神经递质，内啡肽能减轻疼痛，舒缓压力，使人感觉快乐，身心放松。如果说多巴胺让人兴奋而快乐，内啡肽则让人平静而快乐。在剧烈运动、进食辣椒、大声喊叫或唱歌之后，大脑会释放出这种物质。内啡肽也有一定的成瘾性，不然怎么会有人运动成瘾、吃辣成瘾呢？

血清素这种神经递质能够诱发睡眠，让人情绪平静，抑制焦虑、抑郁、攻击行为等。因此，血清素具有抗抑郁的效果，是抗抑郁药的成分之一。凡事过犹不及，太多的血清素会导致人体感觉疲乏，注意力涣散，哈欠连天。

皮质醇是应激激素的一种，顾名思义，它的存在是为了让人更好地面对突发状况。在遇到危险时，你是被吓得屁滚尿流，还是从容不迫、面不改色，取决于皮质醇的分泌水平。可以这样说，合理的皮质醇分泌让人拥有对抗危险和伤害的能量。一项跟踪调查显示，“9・11事件”发生之后，亲历者的子女体内皮质醇水平比较低，也就是说，他们可能无法坚强勇敢地面对生活中的痛苦事件。为什么呢？可能是母亲亲历灾难的痛苦感受通过脐带传递给了孩子吧。

第六章

品尝情绪里的酸甜苦辣——情绪共存

看起来好像每一种情绪都是独立存在的，彼此之间没有什么交集，但实际情况并不是这样的，情绪很少会单独出现，生活中的大多数时候是多种情绪共存的。

这一章主要讨论情绪的排列组合。人在悲喜交加的状态下会是什么模样？在爱情里，两个人是否可以讨厌着同时又深爱着彼此？我们对待父母更多的是感恩还是埋怨？一起来了解一下吧。

❖ 悲喜交加——情绪的排列组合

什么是悲喜交加呢？一个人同时体验到高兴与悲伤就是悲喜交加。让人高兴又让人难过，让人欣慰又让人惋惜，什么样的事情有这样的魔力，可以将人的情绪变得如此复杂、诡异？说实话，这样的事情在我们身边挺多的。

在小房子里住了20年之后，老张终于要搬新家了。告别60平方米的小房子，入住120平方米的大房子，老张百感交集，不知道自己是该开心还是该难过。小房子住着局促、憋屈，一家三口挤在一起，生活上有诸多不便。可话说回来，毕竟在一个地方住了20年，有了感情，对那附近的一草一木都了如指掌，怎么舍得说丢下就丢下。他劝慰自己说，论起居空间、周边配套以及小区绿化，当然还是新房好。盼了多少年，终于住上大房子了，应该高兴才是。

高兴和悲伤同时存在的混合情绪体验是日常生活中普遍存在的，所谓“夕阳无限好，只是近黄昏”，大概就是这个感觉。研究显示，随着年龄的增长，个体感受到悲喜交加这种混合情绪的体验会增加。或许是因为随着年龄的增长，知觉到未来生命进入倒计时，不禁在享受当下美好生活的同时感慨时日无多。如此看来，“夕阳无限好，只是近黄昏”也是对人生的一个注解。忙忙碌碌大半辈子，日子过得轻松了，孩子成家立业了，终于等来了悠闲的晚年时光，却发现身体老了，心也老了，时间匆匆而过，悲喜交加地站在暮年岁月里回看从前，难免感慨人生长恨水长东。

情绪的排列组合，不可能只有快乐和悲伤的混合，还可以有恐惧搭配愤怒、快乐搭配自豪、嫉妒搭配愤怒等。请看一个恐惧、愤怒、懊悔互相交织的混合情绪案例。

话说到了下班时间，大山驾车回家，开到经常堵车的路口，他正想着今天又不知道要堵多久，一辆车突然变道，从辅路冲了上来，扎在他车前面的缝隙里。大山觉得很危险，急忙打了方向盘，躲开了那辆车。幸好他反应迅速，否则那一瞬间他的车一定撞到前面车的屁股。

躲过一场可能的交通意外，几秒钟后，大山火气爆棚，自言自语道："什么玩意儿，不会开车出来嘚瑟什么！"见那辆车的司机在他斜前方狂按喇叭，试图超过另外一辆车，大山的肾上腺素飙升，越想越愤怒，想着非要给他点颜色看看不可。终于熬过了堵车的路段，他把车速开到了80公里/小时，狂追前面那辆车。追上之后，他减慢速度，故意挡在那辆车前面，那车变道，他也变道，就是不给他超车。后面的车狂按喇叭，他在前面开得逍遥，心里那叫一个"爽"。

到了路口，那辆车转弯走了，大山却被路口的交警叫停。他被警告违规驾驶，包括在限速路段超速、不打信号灯等，不等他解释，交警告知他超速罚款500元，记6分；不打信号灯罚款50元，记1分。他软磨硬泡地跟交警求情，解释事情的来龙去脉，对方无奈道："你也是老司机了，没听说过路怒一时爽，后果很严重吗？这要是出了事，你后悔都来不及，罚你一次，就当得个教训吧！"

在"路怒症"流行的今天，开车行驶在路上无疑能在短时间内体验各种情绪激烈互动。堵车了，司机愤怒地按喇叭，发生争吵时，双方声嘶力竭，互不相让，攻击指数大增；大打出手时，路怒者更是把愤怒付诸行动，拳脚相加，以宣泄内心长久压抑的情绪。“路怒”虽然强调了“怒”，在路怒的过程中却伴随着焦虑、恐惧、紧张等多种情绪，实则是一次公路上的情绪排列组合。

对混合情绪的体验有跨文化的差异。研究表明，欧美人士更善于看到事情积极的一面，弱化其消极的一面；东亚人士则更多地看到事情的两面性，喜悦中伴随着担忧，体验的是混合情绪。

这一差异可能来自文化。欧美人士更趋于独立，享受体现出个体价值的时刻，追求在人群中独树一帜、出类拔萃；东亚人士受集体主义文化影响，要求自己优秀，但是不能够偏离集体。这样的文化背景导致东亚人士在生活中体验更多的混合情绪，在开心的时刻流露出忧愁，在冲动时略带犹豫，这让他们在面对同一件事时不会仅仅关注其积极面，还会关注其消极的因素。

需要说明的一点是，以上讨论的混合情绪是不同情绪的组合，而不是复合情绪。美国心理学家伊扎德用因素分析法研究人类情绪，他把情绪分为基本情绪与复合情绪，复合情绪由基本情绪彼此复合、基本情绪与内驱力复合、基本情绪与认知复合而来，如愤怒—厌恶—轻蔑的复合情绪是敌意，恐惧—内疚—痛苦—愤怒的复合情绪是焦虑。伊扎德的情绪理论并非三言两语可以讲清楚，这里不做展开讨论。

❖ 好恶并存地爱着——适度的厌恶

圣诞节，喝点小酒就领了结婚证，如今熙园已经和她的丈夫鹤彦一起生活了一年多。这一年里，他们像天底下所有的夫妻一样，为了柴米油盐的小事争论不休，为了谁做饭、谁做家务费尽口舌，吵得凶的时候，他们互相吓唬对方，这么麻烦，不如去民政局把结婚证换成离婚证。吓唬归吓唬，谁都没有真的付诸行动。

做了一年多的已婚妇女，熙园从一开始对鹤彦的疯狂迷恋，变得渐渐开始有点讨厌他。有的时候，他那个固执的劲头冲上来，气得她恨不得冲上去揍他。过了一阵子，她又发觉鹤彦的可爱，不忍心对他说狠心的话，更不用说和他离婚了。

熙园和鹤彦生活在一起之后才发现，他们好像是来自两个星球的人，尤其是在生活习惯方面，非常不同。熙园是一个心胸开阔、不拘小节的姑娘，平时大大咧咧的，对穿衣吃饭都没什么讲究，只要过得自在、开心就好。休息日里，她喜欢和朋友凑在一起，越是热闹的地方，她越觉得自在。不过，由于她对什么事情都是一副不在意的样子，总是做不好一些事情，而且还惹出了许多笑话。

新婚不久，熙园积极练习厨艺，准备做一个贤良淑德的好妻子。第一次烧排骨，她就烧焦了锅底，厨房里浓烟滚滚，她却在阳台上陪猫咪一起玩而浑然不觉。直到厨房里的火警报警器惊动了邻居，她才想起来在做红烧排骨。为这，她被楼上楼下的邻居批评，又被家访的居委会阿姨教育，害得鹤彦跟着她一起丢脸。连续烧焦了两个铁锅之后，鹤彦对她百般嫌弃。

熙园和鹤彦始终相处不好，大概是因为他们的性格相差太大了吧。和熙园不同，鹤彦是一个非常严谨认真的人，他的性格敏感脆弱，做事情一丝不苟。他喜欢安静，周末宁愿一个人去逛科技馆，也不要陪她一起参加同事聚餐。他还有严重的洁癖，每周要在家里进行一次大清扫，这规矩是他定的，也只有他在认真执行。鹤彦一板一眼地按照他的步骤生活着，结婚之初，他尝试过改变熙园，希望把熙园变成他期待的样子，可惜失败了。熙园也曾经做过类似的尝试，同样失败了。

每次鹤彦一边打扫一边抱怨熙园懒、不爱打扫、把家里搞得一团糟、住在猪窝里也不介意这些话时，熙园就有揍他的冲动。吵架的时候，熙园简直讨厌死他了，认为他根本是自私又自大的人，他不关心的事情就无所谓，怎么都行，关心的事情就一定会斤斤计较，必须按照他的要求来。一吵架，所有的心酸、委屈都涌上心头，熙园觉得她所有的坚持都是无用的，不管她多么努力，他永远只能看到她搞得一团糟的房间和碗槽里未洗的碗筷。

可是在某个时候，她又发现他很可爱。他拿着逗猫棒陪猫玩的时候像个小孩子一样，回到她爸妈家，和她家的金毛玩得也挺好。熙园妈妈曾经说他，这个人和猫在一起的时候像猫，和狗在一起的时候像狗。

如果说鹤彦有什么与众不同的地方，那就是他的简单。就像当初他们刚刚约会时那样，鹤彦约她逛科技馆，给她介绍他收藏的相机，带她进暗房展示他洗照片的技术，他沉浸在他的爱好里，完全不在乎别人如何看他。而且，他不会骗人，每次尝试编瞎话，说着说着，他自己就说不下去了，每次看到他害羞的笑脸，熙园整颗心都被融化了，他的斤斤计较、咄咄逼人也被她忘在脑后。没过多久，他故伎重演，气得熙园悔不当初，她深深地怀疑，如果他们以后都不会离婚，他们的婚姻恐怕将在这种一阵子剑拔弩张、一阵子相安无事的循环中度过。

研究显示，在亲密关系中，讨厌对方是正常的。人的情绪、情感是非常复杂的，即使在热恋中，喜欢的感觉也并不会百分之百占据人们的大脑，喜欢与讨厌，更多时候是并存的。没有爱怎么会有恨，没有喜欢也就没有讨厌，享受喜欢带来的快乐，同时要承受厌恶带来的痛苦。面对亲密关系中的恋人或配偶，出现负面情绪并不意味着已经不爱对方，只是情绪受到大脑对积极情绪和消极情绪调节的影响。

有时候，亲密关系中针对对方产生的负面情绪可能来自对方，也可能来自我们自己。每个人都希望在保持独立的同时身边有人陪伴，但是这个界限非常难以把控，如果对对方产生厌恶感，很可能是因为自己厌恶了过分亲密、过分依赖的状态，所以才会出现前一阵子你侬我侬、相安无事，过一阵子却互相看不顺眼、争吵不断的局面。亲密关系在这一远一近的动荡中不断调整距离，即使相携走过一生，夫妻之间也不会以某种定式相处，彼此之间的距离会因环境及自身心理状态的变化而不断调整。

有时候，不满意来自心中对另一半的期待得不到满足，难免心生讨厌。比如，我们在工作中遇到了烦心事希望获得对方体谅，多给我们一些关心和支持，对方却毫无察觉；女生在特殊时期身体不适，心情烦躁，期待对方能够好好照顾自己，主动分担一下家务事，对方只是丢来一句“多喝热水”，明显不符合内心期待，任谁都会炸毛的。因为心里预期与现实之间的差距而产生厌恶感，这个时候最有效的解决方法是沟通。没有人会读心术，不沟通的话人与人之间无法互相理解，很多时候，把话说开问题就会迎刃而解。

访问那些结婚多年且感情融洽的夫妻，他们在相处的时候也有过厌恶对方、对对方不满的时候，更有被负面情绪包围、身心痛苦、怀疑无法继续一段关系的时候。能够互相包容、理解，度过多年夫妻生活，首先是因为彼此之间的互动，积极情绪所占比例高于消极情绪，反之，如果消极情绪所占比例高于积极情绪，夫妻关系可能会受到影响，甚至走到离婚那一步。

常言道，距离产生美。空间距离、时间距离、心理距离产生之后，彼此之间的欣赏角度发生转变，也会在一定程度上欣赏对方的美感。就像达·芬奇的名画《蒙娜丽莎的微笑》一样，远远地观赏才能看到画中人的神秘美感。据说，蒙娜丽莎的微笑中包含不同程度的高兴、厌恶、恐惧和愤怒，站在不同的角度，观感更是大不相同。这就是距离产生美。如果你把脸凑近画布上观看，眼前只是一片星星点点的油泥和色块，一团模糊，哪里看得出传世名作的特别之处。

人际交往适用"距离产生美"这一定律，心理学称其为"适当疏远原则"。不管是朋友、恋人，还是夫妻，多么亲密的关系都不适合依偎得太紧密，两个人毕竟是独立的个体，如果一定要人为变成连体婴儿，必定会产生矛盾。当然，距离需要控制在合适的范围内，若是天各一方，多么深厚的感情都会被距离晾凉的，正好印证本山大叔那句话："距离产生了，美没了"。

❖ 悲伤也幸福——测量幸福感

什么是幸福感？看似很简单的问题，却很难给出一个圆满的答案。心理学家从不同角度定义幸福感，有人说，幸福感是指人类基于自身的满足感与安全感而主观产生的一系列欣喜与愉悦的情绪；也有人说，幸福感是一种心理体验，它既是对生活的客观条件和所处状态的一种事实判断，又是对于生活的主观意义和满足程度的一种价值判断。综合来看，幸福感包括生活满意度及对生活状况的认知和评价。经济充裕、物质富足，生活满意度高，幸福感就高；能够正确处理个人情绪、情感问题以及人际关系问题，幸福感就高。这里的情绪、情感包括积极部分和消极部分。

在一项关于幸福感的调查中，参与者报告说，他们在感到幸福的同时也会感到沮丧。有时候一切事情终于圆满完成，参与者感觉特别开心，但是回想起曲折艰难的过程，他们还是有些沮丧。但是这些偶尔的沮丧并没有让参与者对幸福感的评价降低。幸福感并不完全是由积极的因素组成的，人们从负面经历中能体会到更丰富的情绪，这种情况甚至能促进幸福感的产生。

积极的情绪当然对幸福感有好处，但是令人痛苦的消极情绪一样充满意义。在心理咨询中，许多来访者感到不幸福，他们每天都在和令自己感到痛苦的情绪抗争，如持久的焦虑、失眠、自我怀疑、极度的愤怒，觉得人生没有意义。在这些消极情绪背后，真正让来访者痛苦的是他们为所体验的消极情绪感到内疚或羞愧。来访者自述说：“我为什么就不能快乐一点？太讨厌这样的自己了。”在他们的自我要求和所受的教育中，积极情绪备受推崇，人们应该随时保持乐观向上的姿态。如果不行，那就是人出了问题。

愤怒、悲伤、无精打采、郁郁寡欢，这些是生活中的重要部分，也是幸福感的重要组成因素。大量心理学研究发现，积极情绪与消极情绪并不如人们想象的那样，是此消彼长的关系，一个人即使积聚了许多积极情绪，也不意味着可以借此抵消掉消极情绪。其实本没有必要对消极情绪投以敌视的目光，甚至想要消灭它们。体验和接纳消极情绪对心理健康很重要，一味压抑消极的想法，反而会起反作用，从而降低自我满意度，幸福感自然随之降低。

幸福感中包含消极情绪，消极情绪同样可以让人体会到幸福感。人们常常回避消极的情绪，尽量让自己保持在开心、积极、向上的状态中，或者假装自己开心、积极、向上。在体验幸福感时，消极的想法和情绪占据一定的比例，因为这些消极因素提醒着人们关注身体健康、人际关系以及其他重要的事情。由于对开心、积极、正能量的盲目追求，使得大多数人只能压下情绪中的消极部分，但现实是，我们越尝试回避的问题，潜意识越会持续关注，甚至抓着不放。

调查显示，同样是想要喝酒的人，当喝酒的冲动和欲望出现时，有的人无条件地满足自己，痛饮一场，有的人则压制自己豪饮的想法，拒绝酒精。结果发现，那些放松接受自己想法的人能够适可而止，那些压抑喝酒欲望的人最后会喝得更多。类似的情况出现在积极投身减肥大军的人群中，很多人尝试节食减肥，结果越是压抑食欲，越是会在某一个时刻出现暴饮暴食，尤其是在情绪波动较大时。

还有一种现象叫“梦境回跳”，即一个人若是将许多想法和情绪压抑在心中，不发泄，也不对任何人提起，这些被压抑的想法或情绪会在梦中跑出来。曾经有一位来访者报告，他连续一个星期梦见和人吵架，吵到激愤时两人便大打出手，从楼上打到楼下，场面失控，直到因为太过吵闹被他妻子叫醒，他才知道又做梦了。原来，他在单位里和一位同事相互讨厌，但碍于长久的同事关系，不能撕破脸皮，长期压抑的不满与愤怒便进入了他的梦境，他真实的想法和行动在梦境中实现。

所以，与其担心被消极情绪影响生活，不如直接承认这些负面情绪的存在，此刻体验到沮丧，那表情就是沮丧的，不必刻意压抑自己。如此收获的幸福感更接近真实的情况，人们也可以根据情绪变化正确评价幸福。

与其回避，不如接纳。每个人都有提升幸福感的欲望，回避消极情绪并不是好方法。接纳一切情绪，就像接纳自己的一切一样。承认此刻的感受，而不是刻意压抑或急着改变。意志可以左右一时的情绪，却不能始终控制感受，想法只是想法，感受只是感受，仅此而已。生活就是要面对成功的喜悦、幸福的泪水，经历挫折和失败，消极的感受不可能永远被回避或压抑，学习如何面对任何情绪才是关键。

❖ 感激还是怨恨父母——热锅上的家庭

在一本英国小说《自杀俱乐部》中，女主人公是一个问题少女，她的父亲是教育部长，母亲有些神经质，姐姐失踪多年、生死不明。到了青春叛逆期，她与父母、恋人及周遭环境发生了各种摩擦，冲动之下想要自杀。这一家子就像生活在热锅之上，每个人都备受煎熬。

对父母的控诉，来自孩子对父母的期待。在电影文学作品中，母亲是慈母，父亲是严父，他们充满爱、关怀和耐心，是子女人生的指导者，也是最温暖的依靠，保护孩子不受到任何伤害。可惜很多父母不是这样的，有的父亲在生孩子之前从没想过要成为父亲，更不知道一个负责任的父亲应该什么样；有的母亲婚后生活不幸福，认为孩子是累赘，影响了她追求自由，带着强烈的憎恨和怨气抚养孩子；有的家庭父母关系恶劣，不是吵架就是冷战，怨气冲天，毫无爱意，孩子在惊恐和焦虑中长大……日本作家伊坂幸太郎有一句名句："一想到为人父母居然不用经过考试，就觉得真是太可怕了！"

就算是研究原生家庭、研究亲子关系的心理学家也没办法选择自己的父母，他们中有的人从小生活在父母造成的水深火热之中，如美国心理学家亚伯拉罕·马斯洛。马斯洛的需要层次理论被广泛应用到各个领域，他还是融合精神分析心理学和行为主义心理学的大师，可是专业领域的探索和成就并没有将他自己拯救，孤独和痛苦的童年使得他对父母有一种错综复杂、爱恨交织的感情。成年之后，当他回忆童年时，想到的全部是伤害与恐惧。晚年时，他与父亲和解，却一直和母亲交恶。直到母亲去世，没有和解，没有原谅，他也没有参加葬礼，可见其母子关系之恶劣。

马斯洛在回忆童年时说过："我是一个极不快乐的孩子……我的家庭是一个令人痛苦的家庭，我的母亲是一个可怕的人……我没有朋友，我是在图书馆和书籍中长大的。但是，奇怪的是，过着这样的童年生活，我居然没有患精神病。"这些话基本概括了他的童年。马斯洛的父母是从苏联移民到美国的犹太人，他们生了七个孩子，马斯洛是老大。对于母亲，他的印象是冷酷、愚昧、无知、充满敌意的，从不亲近或热爱她的子女。

他的母亲是一个非常迷信的人，喜欢用"上帝将惩罚你"吓唬孩子，她最喜欢这样威胁马斯洛："如果你做这样的事，上帝就会毁灭你；如果你做那件事，上帝就会惩罚你。"有一次，马斯洛想要从窗户上跳下去，母亲说："如果你那样做，你就不会再长高了。"马斯洛依然跳下去了，但是他的身高并没有停止生长。这种无知、愚昧又充满迷信的教育方式让马斯洛非常恐惧，也非常鄙视，从另一个角度看，它激发了马斯洛对科学研究的热爱。

在很多年里，马斯洛对自己的外貌非常自卑，他为自己瘦弱的身躯和过大的鼻子感到羞耻。他说："我异样地感到，我是一个非常丑陋的年轻人。我天生有一种深刻的感觉，即不知怎么回事儿，我有些不对劲。在我的记忆中，我从来没有任何优越感，只有一种强烈的、令人痛楚的自卑感。"这种自卑感来自他的父亲。在一次家庭聚会上，父亲说："难道亚伯拉罕不是你们见过的最丑的孩子吗？"这句话深深地伤害了原本就敏感的马斯洛，这让他在很长时间里对自己的外貌非常介意。

就算父母已经白发苍苍，垂垂老矣，甚至已经过世，有时候想起曾经受过的伤害，有的人依然义愤填膺，耿耿于怀。但是因为怨恨而报复、虐待甚至弃养父母的人少之又少。有的人对父母感情复杂，既爱又恨，既依恋又排斥，矛盾纠结。

尤其在成年之后，他们离开原生家庭独立生活，对日渐老去的父母多了一些担忧和牵挂，无法接受自己真的怨恨辛苦把自己养大的父母，有时候还会为曾经的反抗和对立而内疚自责。但是回到家和父母相处不久，那种压抑的愤怒和怨恨再次爆发，好像复仇一般地把曾经受到的伤害丢回去，事后又愧疚、自责。有的人终其一生都在重复这一模式。

在寻求心理救助的人群中，确实有很大一部分人因为受到原生家庭的影响，在人际交往、亲密关系、恋爱婚姻中遭遇困难。有的人恋爱总是失败，第一次遇到暴力狂，第二次还是暴力狂；有的人人际交往受挫，胆小怯懦，宁愿一个人待着，也不想到人群中去，害怕与他人深入交往……所有心理问题都能从原生家庭中找到原因，但不是所有问题都要归罪于原生家庭。

所有孩子对父母都有完美的期待，不管这种期待来自“别人的爸妈”，还是电影文学作品中的父母形象，或者教育对父亲、母亲两个角色的美好描述。总之，孩子有时会把父母看作神，而不是人。不管为人父母有钱还是没钱，性格秉性如何，文化修养如何，大前提是父母也是人，是人就会有喜怒哀乐，其行为受到本能驱使，也受到道德的约束。结婚生子是他们人生中的一个阶段，有人满意，有人不满意；有人负责，有人不负责。有的人为了保护自己的利益，追求自己的幸福，弃孩子于不顾；有的人虽然承担抚养的责任，却把孩子当成物品，不尊重、不体贴、不爱，甚至伤害。道德要求我们严于律己，宽以待人，要求为人父母要牺牲奉献，为了家庭和子女牺牲自己，要求做完美的父母，把最好的爱给孩子。可是很多人做不到。

第七章

委屈身体委屈心
——情绪与身体健康

不同的情绪对应着不同的身体疾病。胃肠道是人体中非常敏感的器官，情绪上的波动可以在胃肠道反映出来，所有的身心疾病中，胃肠疾病发作率排名第一。其次是皮肤问题。消极情绪有时会攻击免疫系统，导致皮肤病频发，如湿疹、荨麻疹、痤疮等。

可以说，小到感冒、大到冠心病都与情绪有着一定关系。长期压抑、不快乐、缺乏安全感、忍气吞声的人免疫力低下，容易感冒，更容易得癌症。研究显示，长期处在消极情绪中的人罹患癌症的概率比平常人高很多。

这一章主要讨论身心反应造成的疾病：人们常在着急上火时感到胃肠的不适；压力大的时候情绪也跟着变得很糟糕；心情好，身体就好，心情阴郁，身体也感觉不好；但凡事都不是绝对的，有时候，心情太好也不行。

❖ 一焦虑就胃疼——肠胃也有情绪

忠孝拉着丹丹从门诊楼出来，仍然在回忆刚刚与医生对话的那紧张一幕。他本来是陪丹丹来检查的，和医生说了没两句话就把他吓出一身冷汗。就在十分钟前，丹丹进了诊室去做胃镜，检查之后，医生把他叫进去，一脸严肃地说："你是患者的家属？"

"我是。"忠孝答道。

"你是她什么人啊？"医生问。

"我是她男朋友，"忠孝瞧着气氛有些诡异，小声地问一句，"我女朋友她没事儿吧？"

医生笑着说："没什么大事，浅表性胃炎伴糜烂，回去吃点药就好了，注意饮食和休息。"虚惊一场，忠孝的心放回了肚子里。

丹丹的胃病已经不是一天两天了。学生时代，丹丹就是一个有名的吃货，在西安读了四年大学，功课读得没有多好，最大收获是把西安以及周边城市的美食都吃了一遍。她的胃病从那时候就有征兆，吃点凉的、硬的就恶心想吐，吃了麻的、辣的还会胃痛、拉肚子。那会儿年轻，不懂得爱惜身体，有时候她胃痛到头冒冷汗，吃点药就对付过去了，之后继续胡吃海塞。

出去旅游，作为一枚合格的吃货，丹丹永远在吃吃吃。不管是生的、冷的、天上飞的、地下爬的、土里的、海里的，她都照吃不误。也因为这样，她的胃彻底搞垮了，严重的时候胃痛到痉挛，整个人像要死了一样特别难受，从此她就走上了成为药罐子的不归路。时好时坏的病情让她不能再随意品尝美食，还患上了轻度焦虑症。

一开始，她从来不会胃痛得死去活来，只是胀得难受，恶心想吐，胃里灼烧，吃药就能缓解不少。有一段时间，她开始失眠，只要胃有一点不舒服，她就从梦中醒来，担心自己会不会是哪里出了问题。到后来，她的胃痛加重，人也变得更加焦虑。有时候，她也分不清楚到底是胃不舒服让她感到焦虑，还是她无法停止的焦虑让胃变得更加不舒服。

为此，她去看过神经内科，医生给她开了药，她吃了一段时间，胃不舒服的症状改善了，夜里也能安稳地睡觉。可是胃病一直都没有真正痊愈，更可怕的是，她从此变得神经兮兮，只要一有重要事情发生，如年终考核、评优，她就开始胃胀，吃了东西就好像卡在喉咙那里没有咽下去一样。胃痛严重的时候，她会四肢无力、头冒冷汗，各种可怕的想法从脑海里冒出来，她开始担心胃里面会不会长了东西，害她得癌症之类的。

说起来可笑，丹丹是学护理专业的，虽说不是医生，但也算是半个专业人士。当年学医的时候，老师让全班同学练习打针，她是胆子最大的一个，她不怕打针也不晕血，班上的女生一个个被血吓得花容失色时，她已经在同桌的胳膊上练习了。可她非常怕死，自从因为胡吃海塞得了胃病之后，她更加怕死了，稍感到胃不舒服，就担心自己得了癌症，这样的问题折磨了她好几年，她感觉自己快要抑郁了。

现代人的精神压力大，很容易出现精神焦虑、紧张不安的状态，这种情绪不仅影响日常生活，也影响身体健康。紧张、焦虑这两种情绪特别容易引起胃肠道的不良反应。可以说，肠胃是人体最敏感、抗压能力最差的器官。当人们感到紧张或焦虑时，往往会反映到胃上，出现打嗝、胀气、恶心、呕吐等症状，反映到肠道上，表现为腹痛、拉肚子等症状。肠胃之所以会这样敏感和分布在里面的丰富神经有关系，这些神经会将信号向大脑传递，从而影响大脑的激素分泌。比如，慢性压抑和焦虑会让大脑分泌促肾上腺皮质激素释放因子，这是一种化合物，能够引起胃痉挛和腹泻。

已经有大量研究表明，长期的高压工作导致人们心理负担过大，胃液分泌失调，胃黏膜血供减少，人不仅胃口不好，严重者可能出现胃溃疡、急性出血等。所以有一种说法，说胃溃疡是“愁出来的病”。情绪的变化导致胃黏膜的充血或缺血，如感到愤怒时，胃黏膜会充血；感到忧郁时，胃黏膜会缺血。

很多人的肠胃毛病看起来是身体功能的问题，其实有时还包括心理问题，是身心作用导致的疾病。像故事中丹丹的情况，实际上是一种心身疾病，即心理因素导致的身体疾病。白领群体中有一种广泛的疾病叫肠胃焦虑症，看起来像一种功能性疾病，但是肠胃没有出问题，也没有任何器质性损伤，只是功能紊乱而已，这也是一种身心作用导致的疾病。

肠胃焦虑症会同时出现胃和肠道的症状，胃部表现如胃胀、泛酸水、呕吐、恶心、打嗝、大量嗳气等，肠道表现为腹胀、便秘、放屁、大便稀烂，出现“情绪性腹泻”，同时伴有全身的疾病表现，虚弱、疲乏、头晕、失眠、心悸、胸闷、精神不振、焦虑、抑郁、疑虑等。肠胃焦虑症患者开始可能只是有轻度的肠胃功能失调，由于患者本身的性格比较敏感或特别容易焦虑，身体上的不舒服，加上患者的情绪变化如苦恼、烦闷、抑郁、焦虑、紧张、恐惧等导致自主神经功能紊乱，引起肠胃功能紊乱，当情绪变化与身体变化建立起条件反射，恶性循环。当患者经历一些大起大落的应激事件，情绪波动明显就开始发病。患者搞不清楚状况，以为是自己的身体出了大毛病，其实根源在心理。

情绪的变化往往来自生活事件的发生。短时间内经历较多应激事件的人会比生活平淡无变化的人有更多的患病机会，尤其是胃溃疡。那些经历生重病、亲人死亡、打官司、被责罚等消极事件的人，事件的发生迫使人在行为上做出改变，从而影响躯体。不要以为只有不好的事情容易让人生病，传统意义上的好事，如结婚、升迁、搬家等，同样会对人的身体健康造成一定的消极影响，只是程度不同而已。

职业不同，受身心反应影响的程度自然不同，可以这样说，所从事的职业在一定程度上决定了我们是否面临更大的患病风险。驾驶员、警察、管理者、记者、急诊科医生等，这类需要处理许多复杂情境、随时面对变化的人，更频繁地处在焦虑状态，患肠胃疾病的概率更大。

❖ 坏情绪制造机——日常压力山大

婷婷因为肠道功能紊乱，一天夜里拉肚子拉到虚脱，被急救车送到了急诊室。而这个时候，她跟前一年比已经胖了 40 斤。

婷婷大学毕业后，听从父母的安排，成了一名小学老师。这是一份稳定的工作，却不是婷婷的初衷。学美术的她多年来钟爱网络游戏，一心想要成为一名原画设计师。眼看着她的同学在北京、上海陆续找到了梦想中的工作，已经开始参与一些大型网络游戏的设计，她却只能留在家乡，每天过着两点一线的枯燥生活，不免忧郁不快。而且，她教的是美术课，每天面对教室里吵吵嚷嚷的熊孩子，对于本就不喜欢小孩子的婷婷来说，简直“压力山大”。

婷婷的生活节奏是工作日情绪低落，周末放松消遣。熬过五天地狱般的生活，在周末一定要犒劳一下自己，婷婷给自己的奖励就是大吃一顿。作为一枚资深吃货，她对逛街、美容、看电影、运动健身都没有兴趣，唯一让她心情舒畅的就是吃。每个周末，她都会到超市买两大包零食，回家一边打游戏，一边吃零食。她发现只要自己心情不好，大吃一顿便能缓解许多。后来她只要一觉得心情不好就开始狂吃。最夸张的一次，她一个人吃了一份肯德基全家桶。

美食进嘴，婷婷心情好了，可是肚子上却产生了脂肪，导致她的体重直线飙升。刚参加工作时，婷婷只是微胖的体形，配上她的娃娃脸，看起来很可爱。胖了 20 斤后，她整个人都变圆了，身材臃肿了许多，看起来像被吹大的气球。婷婷每天吵着减肥，她试图控制自己，每餐少吃，多做运动，不再暴饮暴食，她还在墙上挂了口号：管住嘴，迈开腿，三个月回到美少女！但似乎没起什么作用，她只要压力大，心情不好，照旧是吃吃吃。

吃完了怕胖，体重升了之后，心情不好，于是继续吃，如此便进入了恶性循环，直到她因为暴饮暴食患了急性胃肠炎，大半夜住进了医院。急性胃肠炎控制住后，医生忧心忡忡地对她说："我看你还是去做一个全身检查吧，你这体重，五脏六腑一定累坏了。"拿到体检报告，婷婷发现她不仅体重超标，而且患有脂肪肝和高血脂。

压力山大谐音亚历山大，是用一种诙谐的方法表达人们承受的压力像山一样大。这种现象在大城市的上班族群体中普遍存在，特别是一些生活在大城市的年轻人，他们面临着压得人喘不过气来的沉重房贷，高强度、高负荷的工作，需要精心维护的婚姻生活以及无止境的养娃之路。人人自嘲"压力山大"，同时又默默地背负着压力前行。

长期承受巨大的生活压力，人的心情注定无法轻松，坏情绪像火山喷发似的，一阵一阵地袭来。焦虑、抑郁、沮丧、愤怒、自我否定，情绪的积累导致生理的改变，出现严重的身心反应或身心疾病。如果纾解压力的方式不当，同样会对身体造成伤害，故事中的婷婷就是选择了一种错误的方法，虽然暂时缓解了不良情绪，却留下了长久的身体伤害。

上班族无疑是承受巨大压力的庞大群体，超过八成的职场人认为自己压力过大，每天习惯性地绷着脸不苟言笑，压力让他们忘记了怎么放松地微笑。上班族的压力主要和工作相关，有人因为工作无法完成而压力大，有人因为工作彻底入侵了生活而压力大，也有人因为难以解决工作中的人际关系问题而压力大。大部分人报告说，他们会因为过大的压力而情绪变坏，只有非常少的一部分人报告不会觉得有压力。

压力大带来的最直接的情绪就是愤怒，而且是经常性的愤怒，人们常常因为一点小事就火山喷发，一言不合就闹情绪。当然，也有人将压力内化给自己，而不是发泄到他人身上，他们压抑自己的糟糕情绪，崩溃时或者痛哭流涕，或者做出一些平常不会做的事，如丢东西、疯狂奔跑、离家出走等。

由于社会分工不同，每一份职业带给从业者的压力大小不一。在职业压力调查中，保姆的压力排名第一。保姆是一份压力非常大的工作，这不仅需要工作完成得漂亮，还要与雇主做好沟通。另一个压力大的原因是，这是一份几乎得不到正面反馈的工作，做家务、照顾老人或小孩本身就是辛苦的、需要巨大耐心的工作。做得好是应该，做不好就要受到责备和批评，因此保姆成为离职率和患抑郁症概率较高的职业之一。

此外，承受巨大压力的工作还有餐厅服务员、社工、医生、艺术家、艺人、作家等。那些同时需要体力和脑力劳动，工作时间长，作息不规律，又得不到谅解和尊重的职业常常搞得人筋疲力尽，压力大得无以言表。而艺术家这类收入不稳定、工作时间不规律，同时需要承受孤独寂寞以及强烈的自我怀疑的工作，除了压力大，患精神疾病的风险更大。

除了偶尔火山喷发，发泄一通，还有什么好的办法调节由于压力大带来的坏情绪呢？除了看医生，我们可以学习一些自我调节的方法。

养花种草、养只宠物可以调节心情。植物让人修身养性，和动物相处人会变得轻松，释放天性。不要以为养花种草只是把植物搬到了家里，让它们换一个地方活着。许多室内植物具有抑制细菌繁殖的作用，能够帮助人们松弛神经、解除身心疲劳。植物能够通过光合作用制造更多氧气，增加室内的负离子浓度，具有净化空气的作用。与植物相处如同面对另一个自己，是了解自己、与自己对话的好方法。

听音乐可以舒缓紧绷的神经。人类最早听到的音乐是大自然的声音，淅淅沥沥的雨声、风吹树林的沙沙声、叮咚缠绵的泉水声、千回百转的鸟鸣声，人类创造了音乐，更留下了无数经典名曲。研究发现，古典音乐具有镇静和安神的作用，它能激活大脑、改善睡眠、减轻压力，并增强免疫力。

压力大的人还可以尝试游泳等有氧运动、和朋友聊聊天、唱卡拉OK、做冥想放松、泡澡、按摩等。一切都是为了一个目的：消灭压力，摆脱坏情绪，让糟心的生活过得快乐一点。

❖ 好心情提高免疫力——情绪与免疫系统

梅雨季节，人们很容易被湿疹找上门。引起湿疹的原因有很多，其中之一便是长期的消极情绪导致的免疫力下降。情绪问题导致的湿疹在上班族群体和学生群体中患病率很高。

还有三个月就要参加高考的泽宇突然起了湿疹。一开始她只是手背上长了几颗痘痘，痒的程度也没有那么强烈，由于课业紧张，泽宇去学校卫生室拿了些药，随便吃一吃，也没有太在意。吃了药之后，手背上的患处面积稍微有点缩小，其他地方却生出新的痘痘。连续吃了一个星期的药，她手背的湿疹此起彼伏地，旧的好了，新的又长出来，逐渐向手臂方向蔓延。这些湿疹奇痒难耐，泽宇每天挠来挠去，完全没办法集中精神上课。

卫生室的医生说，泽宇的湿疹可能不只是天气原因引起的，建议她到大医院抽血化验。泽宇只好叫妈妈带她去医院检查。妈妈带她挂了一个专家号，问诊之后医生说："这孩子是考试压力太大了，放松心情就好。"

泽宇妈妈觉得医生轻描淡写，没有把泽宇的病情放在心上，着急道："那还需要吃什么药吗？"

"她之前吃的药继续吃下去就行。吃药是一方面，最重要的是调整心情。"医生说。

"她马上要高考了，压力大是肯定的，这也没有办法啊！这个孩子特别懂事，一开始痒她就到学校的卫生室拿点药，也没有跟我说，就一直自己忍着，生怕耽误了学习，后来变成这样了才告诉我的。医生，你给开点那种特效药，最好能短期内治好，也好让孩子专心学习。”说着，泽宇妈妈的眼角泛起了泪花。

医生说：“哪有什么特效药啊，市面上那些说见效快的药里面都有激素，用完之后很快就复发了。”

“那怎么办呢？”泽宇妈妈着急问道。

“放松心情，多晒太阳，多运动，注意饮食和休息。像她这种高考生啊，每年我都接待很多，湿疹不是多么严重的皮肤病，这个阶段主要就是压力太大了。”医生回答。

“这学习的事情，我们做家长的也帮不上忙啊！”泽宇妈妈无奈地说。

“怎么会帮不上忙，少给孩子一点压力，别整天逼着孩子考名校！”医生劝道。

“我们哪里逼她了，是她自己说要争取的！”泽宇妈妈说。

“别的干不了，后勤工作总能做好吧。营造一个舒适的环境，让孩子吃好喝好休息好，剩下的事情靠她自己努力就好啦！我说的这些话，本来应该是心理科医生说的，我连心理咨询的活都给干了。”医生继续劝道。

泽宇妈妈道了谢，带着泽宇回家了。回家之后，妈妈和泽宇一起总结了她这次生病的原因，发现医生的话有道理，泽宇的情况就是高考的各种压力导致的。泽宇一直是学校里的尖子生，两轮模拟考试之后，泽宇的成绩忽高忽低，这让她自己很焦虑。

一直以来，老师和父母都对她期望很高，如果高考稳定发挥，她肯定可以考上名牌大学。为了更上一层楼，泽宇每天早起晚睡，睁开眼睛就学习，每天坚持做题十四五个小时。大多数时候，吃饭、洗澡只是随便弄一弄，她尽量把时间全部放在功课上。她始终处在神经紧绷的状态当中，长期下来，体质变差，免疫力下降，湿疹就缠上了她。患病之后，她担忧生病会影响成绩，更加紧张焦虑，反而使病情越来越严重。

看着泽宇两只手上溃烂的创口，泽宇妈妈说："宝儿，你也别奔着考名牌大学了，咱们就平常心，能考上哪个算哪个。"

"不行，我不能放弃。现在放弃的话，之前的所有努力不是白费了？"泽宇坚持道。

"可是你这样下去，这个病一直不好呢？身体万一再出其他的问题怎么办？妈妈可不希望你为了考大学把身体给搞坏了。"泽宇妈妈担忧地说。

"妈，你放心吧，我有分寸。这段时间，我先放松一下，等我这病好了，我再冲刺一下！"泽宇说。

湿疹是一种很麻烦的皮肤病，因为它很顽固，易复发，可持续数月、数年，甚至数十年，患者不仅要忍受瘙痒带来的痛苦，还要承受长期治疗带来的巨大心理压力。湿疹的症状虽然表现在皮肤上，发病的根源却在体内。湿疹是免疫功能出现问题的信号之一，而影响人们免疫系统功能的一大因素就是消极的情绪。

我们的身体里有一套精密的免疫系统，包括免疫能力，也包括自我诊断、人体资源管理、自我修复及再生。当我们产生消极情绪时，首先受到攻击的就是身体的免疫系统。这既是人们消化情绪的方式之一，也是导致身体出现病症的原因之一。

一个常见的现象是当人的情绪不稳定时很容易感冒。研究显示，在实验参与者接种预防流感病毒的疫苗之前，实验组织者要求他们写下最高兴或最悲伤、恐惧、愤怒的经历，同时测试大脑前额皮层左右两侧的活动。大脑皮层有这样一个规律，即情绪越消极，前额皮层右侧越活跃；情绪越积极，前额皮层左侧越活跃。由此，实验者可以根据前额皮层左右侧的活跃程度来判断参与者的情绪是积极的还是消极的。结果发现，情绪更积极的参与者体内产生了更多的流感病毒抗体。

消极的情绪导致免疫系统的崩坏，反过来，免疫系统的崩坏也会改变人的情绪。人如果患上重感冒，又是流鼻涕，又是发烧，这是身体里有炎症的表现，也是免疫系统对病毒入侵做出的反应。这时候，人的情绪也会跟着改变，表现为情绪低落、神经敏感、伤感落泪、记忆力减退、对什么都不感兴趣、对自己没有信心、容易发脾气。

❖ 心情太好也不成——情绪与冠心病

消极情绪对人体的影响很大，而且消极情绪往往比积极情绪给人留下的印象更深刻，我们习惯性认为，消极情绪才是摧毁身体健康的罪魁祸首。

如果你本来身体不适，又因为莫名其妙的家庭琐事和爱人吵了30分钟架，原本不适的身体可能要花费更多的时间才能够复原；如果你长时间压力过大，不仅情绪暴躁，容易发怒，还会导致记忆力衰退、思维不严密、免疫力下降等症状。人在压力状态下，过敏反应会比无压力状况下严重很多。当你嫉妒的时候——女人比男人更容易因为感情上可能遭到背叛而产生嫉妒之情，嫉妒是一种混合恐惧和愤怒的情绪，强烈地激发人体的应激机制，导致血压上升，脉搏加快，免疫系统受到威胁……

既然消极情绪有害身心健康，那么我们尽量保持开心、愉悦、兴奋的心情好了。可是也有研究证明，心情太好也不成！极度的悲伤和极度的喜悦同样会伤身体。

佩云和她丈夫离婚后，一个人带大了儿子文野。佩云把所有心血都投在儿子文野身上，怕他苦，怕他累，一直把他宠在身边。文野由此被娇惯得不像话，在学校时不好好读书，进入社会整天游手好闲，不务正业。见文野年近30岁，依旧玩心十足，整天和不三不四的女孩子打交道，丝毫没有成家立业的打算，佩云托人做媒，给他介绍了一个娴静的对象，没过多久，对象变媳妇，了却了她一桩心事。

好景不长，文野和他媳妇一起生活了两年多，孩子刚刚六个月，他就吵着要离婚。佩云见文野一条好好的人生路不走，偏要胡搞瞎搞，不免心疼又着急。她和文野他爸打打闹闹过了十来年，经常三天一大吵，两天一小吵，吵红了眼也没少互相动手，搞得彼此鼻青脸肿是常事。叮叮咣咣打下来，佩云早已对那个男人没了感情，不过念在孩子小，没了爸爸怪可怜的，拖到文野小学三年级，佩云终于狠心离婚，彻底甩开了那个男人。

现在的文野和他爸是一个德行，整天什么事情都不干，哪一份工作都做不长，还经常和媳妇打架。当年他爸是立场坚定，无论如何都不肯离婚，如今不知道文野犯了哪门子浑，竟然主动提出离婚。佩云不同意，他媳妇也不同意，他竟然去法院提起了离婚诉讼。过了一段时间，佩云才发现原来文野遇到了他结婚前的女朋友小丽，两人又在一起了。

文野胡闹了两三个月，佩云本以为他玩够了就会收心，却眼看着他变成脱缰的野马，一去不回头了。文野十岁就没有爸爸在身边，佩云不忍心见她孙子不到一岁也没有爸爸在身边，更见不得一个好好的家庭就这样破裂，她绝对不会让这样的事情发生。于是，她一边安抚儿媳妇，一边准备把儿子叫回来。

佩云知道文野经常在小丽开的饭馆鬼混，她骑着摩托车到了那边。当时，店里有四五桌客人，佩云一进店门就点着小丽的名字骂，那话要多难听有多难听，众人围了上来，文野也跟出来。他看见骂人的不是别人，正是他妈，便连忙拉着她往外走，希望在小丽出来之前溜之大吉。奈何小丽也不是省油的灯，她一闪身站在佩云面前，一瓶啤酒摔在地上，气势汹汹地和佩云对骂起来。

两边对峙起来后，气氛紧张到极点。一边是佩云和文野，一边是小丽和她店里的伙计，互相吵闹着、对骂着、虚张声势地吓唬着。突然间，稀里哗啦地只听到玻璃碎裂的声音，餐馆里一片混乱。等佩云拉着文野站起来，只见一群人躺在地上，包括小丽。没想到，文野从小打架的本事到这里派上了用场，虽然佩云和文野两个都挂了彩，看样子对方也没有好到哪里去。

由于文野砸了店，又打了人，小丽不仅不再和他相好，还追着他要赔偿损失。佩云和文野谈判，她可以帮忙支付这笔费用，前提是他不再和小丽来往，回家和媳妇好好过日子。文野虽然百般不情愿，最后还是答应了佩云的要求。说是养儿防老，如今却落得一堆糟心的事，害得佩云着急上火了好几个月，每天茶不思饭不想地发愁。终于风云过去，见得晴天了，佩云却在中秋团圆饭的饭桌上因为剧烈的胸痛而晕厥，到医院检查后发现佩云患有冠心病。

佩云不敢相信医生的诊断，虽然她已经 55 岁，但是身体一直很健康，没有高血脂、高血压和高血糖，也不是肥胖身材。医生听过佩云的疑惑，答曰："那就可能是情绪的问题。"

"我最近心情不错啊，怎么会有情绪问题？"佩云问医生。

医生说："不一定说心情好就不得病，但凡情绪上的大起大落都很伤身体的。"

冠心病向来被认为是老年人的疾病。其实不然，近年来已经有不少处在青壮年阶段的患者被诊断出患有冠心病。主要原因当然是肥胖、酗酒和吸烟，还有一部分人患上冠心病是由情绪的大起大落诱发的。极端情绪是冠心病的元凶之一，这是已经被验证的事实。

很多新闻报道中会出现令人惊讶的插曲，如消防队员在摩天大楼上解救一名想要轻生的女子，站在一旁围观的群众却因为心脏病突发而倒地；朋友聚会，热热闹闹地玩扑克、喝酒、唱歌时，有人突发心脏病，吓坏了所有人；买彩票意外中了五百万元大奖，结果激动过度，心脏病突发猝死……这些心脏病发作往往都是冠心病引发的，人在环境突变的情况下很容易发生心绞痛、脑血栓、心肌梗死。所以说，突如其来的巨大伤痛伤身体，突如其来的巨大喜悦也会要人命的。

老年人患冠心病的概率高，突发心绞痛、心肌梗死和心脏性猝死的风险大，因此老年冠心病患者需要控制好情绪，避免情绪激动。所谓控制好情绪，重要的是保持心态平和，不要太喜悦，也不要太悲伤，避免急躁、紧张、焦虑、抑郁、过度惊吓等，总之要避免过度兴奋。

对于未患上冠心病的老年人或青壮年来说，保持情绪平和、神经松弛当然也是重要的事情。遇到事情不要急躁，不要气愤，及时将不良情绪宣泄出去；宽以待人，保持人际关系融洽，与他人友好相处，赢得友谊的同时换来更多愉悦心情；采用一些方法锻炼身体、调节身心。练习气功、太极拳，学习自我放松训练的方法，通过加强身体素质来强大自身康复能力。此外，花些时间培养个人兴趣爱好，读书、旅游、画画、养花种草或参与艺术活动，让生活变得丰富多彩起来，劳逸结合，才能身心健康。

❖ 一步之遥——抑郁情绪与抑郁症

广为人知的抑郁症患者多是娱乐圈名人，从十多年前的张国荣到近几年的罗宾·威廉姆斯，他们享受着令他人艳羡的金钱、名声和赞许，同时承受着巨大的生存压力。明星需要从外界的肯定中获得自信和勇气，潮起潮落的娱乐圈演变规律让所有人神经紧绷，战战兢兢。一夜之间，有人从寂寂无名到名满天下，有人则从圣殿跌落。

可以说，抑郁症是娱乐圈发病率较高的疾病之一，经历过事业高峰与低潮的明星们，多少都有过抑郁的经历。区别是，有人在抑郁的深渊中难以自拔，有人经历过低谷后走了出来，开始了新的人生。人生如戏，造化弄人，你永远不知道此刻的幸福是来自上天的怜悯还是来自生命力的顽强。

在香港娱乐圈中，郑秀文是清流一般的存在。她从出道至今，作为歌手风格百变，唱功了得，成绩斐然；作为演员，未受过表演训练的她贡献了无数观赏性极佳的喜剧作品。

2004年，郑秀文参演关锦鹏导演的电影《长恨歌》，这部根据王安忆同名原著改编的电影让她投入了很大的心力，她推掉了很多工作，并且努力学习普通话，希望能全情演绎王琦瑶这个角色。可惜电影上映后反响并不好，郑秀文扮演的王琦瑶也遭到多方批评。此后，郑秀文从大众视野里消失了三年，这三年正是她抑郁症最严重的阶段。

三年里，她没办法工作，而且预想未来也可能没法工作，因为她没办法见人，看到人就会害怕，看到太阳也会害怕。在她消失的日子里，外界传言不断，有报道说她患上了严重的抑郁症，暴瘦多少斤；有报道说她患上了癌症；有报道说她曾经尝试过自杀。关于这些恶意谣言，她从来没有站出来澄清，因为她已经病到没有力气讲话，更没办法为自己辩护。

从进入娱乐圈开始，郑秀文的抑郁症其实有迹可循，只是病情没有严重到停工的程度，所以并未引起外界的关注。郑秀文通过参加歌唱比赛而被唱片公司签下，成了一名歌手，那一年的她中学还没有毕业。能够顺利签约，成为一名真正的歌手，郑秀文觉得非常幸运。1990 年，刚满 18 岁的郑秀文推出了她个人的第一张专辑《郑秀文》，之后迅速飙红，成为"王牌新秀"。后期，在续约问题上，由于唱片公司的想法与她的意见不一致，她因惹恼了公司高层而被冷落 9 个月，其间中断她的一切工作，直到合约结束。那段时间，郑秀文的心情一直不好，抑郁症状开始出现。

与原东家解约之后，郑秀文签约华纳唱片，开始了她在歌唱事业上的高峰期，她的唱片销量和演唱会票房一直高居前列，在各大音乐奖项评选中屡屡获奖。事业成功的同时，对自己的严格要求让她过得非常辛苦。不管在工作上还是在爱情上，郑秀文都非常挑剔，一直追求完美，她要永远做最棒的那个，做最成功的人。这让她的神经时刻处在紧绷的状态，对自己的不完美、软弱以及生命的高低起伏完全不能接受。

被视为郑秀文抑郁症爆发导火索的电影《长恨歌》只是压垮骆驼的最后一根稻草。早在拍这部戏之前，她已经出现抑郁症状，后来由于拍戏不顺，她的病情耽误了电影的拍摄进程，加之上映后的恶评如潮，彻底摧毁了她的意志。那时候，她整个人垮了下来，完全不能做任何事情，她待在家里连刷牙的力气都没有。严重时，她在家里闭门不出，只通过私人助理与外界保持联系。

经过了三年的身心折磨，郑秀文终于走出抑郁症的阴影，又变回了爱爽朗大笑的人。在采访中，被问及她是如何走出那段灰色人生时，郑秀文说她靠画画、看书和旅行。当然，最重要的还是她改变了心态。康复之后，她认为人生最重要的不是各个方面的成功，而是能够接纳自己的不完美。

互联网上关于抑郁症的说法实在太多了，以至于在大街上随便抓一个人都能对“抑郁症”表达一些自己的看法，至于他是说“抑郁症就是心情不好”“抑郁症源于工作压力太大”“都是因为想太多才抑郁的”还是“哎呀，我好像有点抑郁”，那就不一定了。提起抑郁症，很多人都好像知道，又好像一知半解，刨根问底也说不出个所以然来。很多时候，人们会把抑郁情绪和抑郁症混淆，把抑郁情绪错当成抑郁症，小题大做；或者把抑郁症当作抑郁情绪，视而不见。

人们搞不清楚抑郁情绪和抑郁症的区别当然是有原因的，在某种程度上，它们两个的确有一些相似的地方。那么，如何判断自己或身边的亲朋好友究竟是抑郁情绪还是不幸患上了抑郁症呢？其实很简单，只要搞清楚它们两个各自的特点就好。

每个人在生活中都体验过抑郁情绪，抑郁情绪指忧郁、忧愁、郁闷，表现为郁郁寡欢、闷闷不乐、沉默萎靡，整个人看起来消极无力。抑郁情绪的出现通常存在明显的情境和明显的客观原因。比如，在公司里遭遇了不公平的对待，有苦难言；和一位要好的朋友发生了矛盾，两个人大吵一架，至今没有和解；恋爱三年，兴致满满地准备结婚，女朋友却突然提出分手，转身和一个刚刚认识七天的男人结婚……这些现实性的挫折或变故都可以成为抑郁情绪出现的原因。此外，平日里性格内向、孤僻、敏感、怯懦、悲观的人更容易体验到抑郁情绪。由于情境性的阴影会伴随一段时间，抑郁情绪也不会转瞬即逝。

任何人都有可能体验到抑郁情绪，但不是所有人都会患上抑郁症。如何鉴别抑郁症呢？心理学上有一个明显的指标：“三低”。“三低”即情绪低落、思维迟缓、意志活动减退，其中以情绪低落为基本症状。除了“三低”，抑郁症患者还会出现“三无”和“三自”的症状。所谓“三无”即无望、无助、无用，患者对现在和未来感到没有信心、失望，甚至绝望；尽管周围的亲戚朋友都在给予他关心和帮助，患者仍然感到自己孤立无援；患者感到自己的存在没有任何价值。“三自”即自责、自罪、自杀，患者对自己过分苛刻，夸大自己的错误和缺点，责备自己，埋怨自己；毫无根据地认定自己有罪，甚至罪大恶极，应该受到相应的惩罚，由此出现自虐、自伤的行为；最严重的情况就是患者出现自杀行为。

抑郁症分为轻度、中度和重度。大部分轻度抑郁症患者可以随着时间的推移以及采取心理调节等方法慢慢恢复，一部分无法自行恢复的人也可以借助药物治疗和心理咨询逐渐好转；那些严重到无法逆转病情的患者只占抑郁症患者很小的比例。

抑郁症患者最显著的特征是喜欢一个人待在封闭的空间里，讨厌太阳，偏爱月亮。而治疗抑郁症的方法正是走出封闭空间，多与外界接触，去绿色植物茂盛、空气清新的地方，对缓解抑郁心情益处很大。

体育锻炼不仅能锻炼体魄，还对调节心情非常有帮助，能起到缓解抑郁症的作用。才华横溢的斯诺克选手奥沙利文曾被誉为“斯诺克界的莫扎特”，在他事业的巅峰时代，他沉迷于酒精和大麻，爱情与生活支离破碎，职业生涯几近荒废。为此，他患上了抑郁症。抑郁症让他告别了斯诺克比赛。之后，他爱上了奔跑。跑步帮助他战胜了心中的魔鬼，也让他重获新生。

前文中，郑秀文提过她用画画、读书和旅行等方式治疗抑郁症，这些也是行之有效的法子。抑郁症患者总是很茫然，不知道该干些什么，因为他们觉得做什么都没有意义。这个时候不如找一些自己感兴趣的事情做，画画、读书、旅行，或者打麻将、玩游戏、跳广场舞，不限形式，不限内容，只要能让自己变得有活力，让生活充实起来就可以。

第八章

天天都有好心情
——情绪调节

心理学家对情绪的解释包括认知理论、行为理论、精神分析理论等，本章主要侧重情绪的认知调节和行为调节。情绪 ABC 理论的创始人是美国心理学家埃利斯。这一理论认为，情绪困扰来自一些不合理的信念，只要改变不合理的信念，情绪困扰就会消失。这是一种常用的自我调节方法，当我们心情不好的时候，不妨问问自己，为什么不开心，是不是你把事情想歪了，想严重了，或者是会错了意。换个想法，说不定就能换个心情。

本章中提供较多以詹姆斯–兰格理论为基础的情绪调节方法，詹姆斯–兰格理论认为，情绪体验主要是身体变化造成的，反过来，身体变化也会改变人的情绪。在实际应用中，人会因为笑而改善情绪，运动也能改善情绪。

❖ 得失只在一念之间——认知调节

毕业季到来，林朝四处找工作，忙得焦头烂额，马上要毕业答辩，他又开始担心论文被毙掉。毕竟，他从入学就“得罪”了答辩导师之一的蔡老师。

入学之初，林朝特别兴奋，与各位老师的互动也特别积极。舍友告诉他，入学前两个月是观察期，学生观察导师，导师也在观察学生，两个月后，人人心里都有了答案，到那时候，院里通知互选导师，不过是走个形式罢了。舍友的导师是学生缘极好的蔡老师，也是林朝的第一选择。蔡老师是一位艺术型老师，年近50岁，但是非常时尚。他讲课时很有魅力，深受学生喜爱，每年都被评选为“学生最喜爱的老师”，上他课的学生总是需要提前去教室占座位。

为了在蔡老师面前混个脸熟，向来不善言辞的林朝在他的课上积极发言，踊跃提出问题，课后与蔡老师讨论。有一次，为了搞清楚一个典故究竟出自哪部作品，林朝泡了两个星期图书馆，终于找到了相关记载。当他拿着翔实的资料去和蔡老师讨论时，令他意外的是，蔡老师一脸不解地对他说：“这是好久以前的问题了吧，难为你这么执着！”听完这话，林朝心里觉得特别别扭，不知道蔡老师是在真心夸奖他，还是有言外之意。

更令林朝意外的是，两个月后的导师选择，他没有如愿成为蔡老师的学生。那情形好像相亲节目，他选了心动女生，心动女生却没有选他。一个学期过后，林朝从其他同学那里听说，蔡老师不选他，是因为不喜欢他，甚至对他有些反感。蔡老师在提到林朝时曾说：“那个林朝啊，可别再跟我提他了，较真得很，都读到研究生了，还这么死脑筋。”听到这话时，林朝大吃一惊，没想到，他在蔡老师心中竟然是这个印象。此后，他坚信蔡老师讨厌自己，并且连本带利地讨厌回去。他再也不去上蔡老师的课，也不拉着蔡老师讨论问题了，在学院里见到蔡老师，他也只是礼貌地打个招呼，冷冰冰的。

没能如愿成为蔡老师的弟子，林朝成了院里的老教授崔老师的学生。崔老师是学院里年纪最大的教授，他治学严谨，要求严格，听说之前有学姐因为论文写得太烂被她骂哭过。铁面无私的名声在各级学生间流传，因此每年很少有人想要做崔老师的学生。别无选择进了“崔门”，林朝终于体会到“摧花夺命手”的厉害，不管是男生还是女生，不管是研讨还是交作业，崔老师处处挑剔，永远挑错，不管林朝多么努力地翻书、查资料，崔老师始终认为他不够努力。

没想到，两年来的地狱式训练让林朝不知不觉间开了窍。开题之后，他扎进论文的世界里一发不可收，而且越写越有兴致，提出了许多独特的想法。交终稿时，崔老师问他：“你为什么不考虑读博呢？以你的能力，不读博太可惜了。”林朝给了一个幽默的回答：“要养媳妇啊，不能再读了。”实际情况是，他对学术研究并没有多大兴趣，论文写得不错是因为崔老师的严格要求。

告别崔老师，林朝在学院门口偶遇蔡老师，对方用诡异的声音说：“看不出来啊，你还挺有学术天赋的。”林朝苦笑着道：“哪里，我写得不好。”蔡老师露出了笑脸，林朝心中一惊，猜不透他的真实想法。想来在下周的论文答辩时，蔡老师也会觉得他死脑筋而故意刁难他，害他当众出丑，最后投一张反对票，不让他的论文通过。论文不通过，他就毕不了业，毕不了业，他就没办法拿着毕业证去公司报到……如此下去，简直是人生惨剧。林朝越想越恐怖，在床上翻来覆去，想来又要度过一个失眠的夜。

在治疗情绪问题的认知疗法之中应用得比较广泛的是合理情绪疗法，又被称为情绪 ABC 疗法。这一疗法认为，人们如果不能正确地评价外界信息，就会造成认知歪曲，从而导致错误的观念，最终引起不适的情绪和行为。很多时候，人在对外界信息进行解释和评价时，往往遵循固定的思维习惯，这是成长过程中习得的行为准则，一定程度上可以帮助我们适应环境。但如果始终坚持固有的思维习惯，不顾客观条件，就会出现解释评价与现实环境不协调的情况，导致情绪问题和行为问题。

人在错误地归纳外界信息时会出现几种模式：

1. 主观推断，即在没有充分收集信息的情况下随意下结论。

2. 选择性概括，即根据整个事件中的部分细节形成结论，完全忽略事件背景的重要意义。

3. 过度概括，即一种极端的观念放在并不符合的事件和情境中。

4. 夸大或缩小，即对某个事件或情况的重要性，或者过度强调，或者过度轻视，不能基于事实进行判断。

5. 极端思维，即以全或无的方式思考，认为所有事情都是非黑即白的。

6. 个体化，即将外部事件与自己的某些特殊经历联系起来，其实这些经历并不具备普遍性。

7. 贴标签，即根据缺点和以前的错误来描述一个人和定义一个人的本质。

情绪 ABC 理论分为三个重要的部分，A 即诱发事件，B 是个体在遇到诱发事件之后产生的信念，以上几种模式即各种不同的不合理信念，C 是特定情境下个体的情绪及行为的结果。我们可以把 ABC 理论套用在林朝的经历中：A 是他在开学初经历的选导师失败事件。B 是他由此产生的不合理信念，即蔡老师不喜欢他的性格，觉得他死脑筋，太较真，所以蔡老师会因为不喜欢他而处处为难他，甚至在他参加论文答辩时从中作梗，故意不让他毕业。C 是他害怕见到蔡老师，失去了积极上课的热情，论文答辩前胡思乱想，内心恐惧，夜里失眠。

针对林朝的治疗，如果采用认知疗法，首先要改变他的不合理信念。的确，每一位导师在挑选学生时都会按照其性格特点，在一定范围内选择与自己性格比较合得来的学生，这也是出于未来几年愉快相处的考虑。不是所有老师都喜欢较真的学生，这无可厚非，但这种个人好恶并不代表老师会因此故意为难学生，不让学生毕业，毁掉学生的前途。林朝被他脑海里的不合理信念支配着，从而严重影响了他的情绪和行为，实则全无必要。

❖ 暗中攻击——愤怒需要表达

安琪今年大学刚毕业，妹妹乐奇比她小 6 岁。妹妹出生之前，安琪是家里的小公主，全家人都围着她转。乐奇出生之后，全家人的爱都转移到了乐奇的身上。安琪的任何东西，都要和乐奇分一半，爸爸妈妈买给乐奇的礼物，却不一定有她那一份。最惨的是，安琪常常被爸爸妈妈忽略，让她觉得他们三口才是一家人。8 岁那年暑假，她吵着要去姥姥家住，一个暑假后回到家她发现，爸爸妈妈带着妹妹去海边旅行，根本没有告诉她。

安琪渴望爸爸妈妈的爱，却不敢表达，她对爸爸妈妈有怨气，只能在心里偷偷地不高兴。她害怕一旦她发脾气，会连眼前的关怀和爱也失去了。越是长大，安琪就越乖巧懂事，在父母眼里，她是一个懂得体谅父母的孩子，她对老人孝顺，对妹妹关怀备至。可是她总是大脑少根筋，做事情毛手毛脚的，时时会犯错。

爸爸妈妈忙的时候，安琪常帮忙照看乐奇，可是她总是害乐奇摔倒，不是磕坏了膝盖，就是在额头上磕出来一个大包。周末时，她帮妈妈洗衣服，却把深色、浅色的衣服一起塞进洗衣机里，衣服互相染色，所有人的衣服都没法穿了。妈妈提醒过她，她却总是记不住。如果妈妈叫她洗碗，她会不小心把碗碟摔在地上；叫她煮饭，她就把米放在锅里，结果忘记打开煮饭开关，到了吃饭时间才发现米还是生的。安琪做错了事情，家人都会归咎于她脑子笨，总是好心办坏事。

慢慢地，乐奇长大了，安琪能做的事情，乐奇也会做了，而且乐奇从来不会出错。因此，爸爸妈妈总是称赞乐奇，夸她聪明伶俐，同时他们不忘记加一句："以后可别跟你姐似的，笨手笨脚的，什么事情都做不好。”虽然爸爸妈妈不那么喜欢安琪，安琪看起来却不介意。有时候，爸爸妈妈责骂她，哭过了，她又像没事人一样，依旧主动帮忙分担家务，照顾妹妹。有时候妹妹故意惹她，她也不过是哭一哭，过去就没事了。安琪从小到大一直保持这个状态，在家里如此，在学校如此，进入社会开始工作，她依然这样。

在公司里实习，安琪是一个特别好说话的人，谁找她帮忙，她都会积极主动，尽自己全力，有的同事把本不属于她的工作分给她，她也欣然答应。可是奇怪的事情时常发生，比如，她曾经把同事要她帮忙准备的重要文件和废纸一起放进了碎纸机；有一次，她的主管请她帮忙订花，她把红玫瑰错订成白菊花，气得主管大发雷霆，她则解释说，她以为正逢清明节，主管订花是准备去墓地祭扫，她就订了白菊花，哪里知道主管是和他老婆吵架，送花哄老婆的。

安琪永远是一副笑眯眯的样子，和所有人都处得来。可是，她做的事情却每每让人暴跳如雷，哭笑不得。事后，安琪总是慌慌张张地道歉、认错，把所有责任揽在自己身上。看她那副样子，别人又会对自己言语上的苛责心怀愧疚。可是，安琪的心里藏着一个恶魔，一个愤怒的恶魔，她自己不自知，他人更无从知晓。

你身边一定有像安琪这样的人，她乐呵呵地答应帮你的忙，却总是因为莫名其妙的原因把事情搞砸。让她起草一份重要的文件，她保证又保证，一定保质保量按时完成，当你向她索要文件时，她却一脸无辜地说：“实在对不起，我忘了，我现在马上去做。”或者你和他约好一起出去玩，他跟着去了却全程不在状态，不是发呆，就是打哈欠，你问他是病了还是累了，他说：“没事，我很好。”你的自尊心受到了伤害，他却依然一脸真诚，一副舍命陪君子的姿态。

这类人令人跳脚、愤怒、无可奈何的撒手锏叫作被动攻击，被动攻击背后的情绪状态是愤怒，被压抑的、没有表达出来的愤怒。安琪的行为方式是典型的被动攻击，在人格分类中，这类人属于被动攻击型人格。

拿安琪的情况来说，由于妹妹的出生使她受到了不公平的待遇，她对爸爸妈妈和妹妹感到愤怒，可是她不敢将自己真实的情绪表达出来，她害怕会失去更多。于是她忍气吞声，伪装成脾气好，从不生气，她的愤怒则被压抑到潜意识之中，以被动攻击行为释放出来。对此，安琪可能是不知情的，由此带来的伤害却非常真实。乐奇确实受伤了，妈妈的事情真的被她搞砸了，工作上也是如此。

长久的愤怒在寻找出口，将拖延、犯错当作发泄的途径，这像是一种报复，却是损人不利己的报复手段。作为施暴者，这类人受到谴责，可是他们同样是受害者，我们也应该对他们报以同情和关爱。被动攻击者在重要的人际关系，如亲子关系中被剥夺了愤怒的权利，他们将被动攻击作为一种自我保护的方式。进入成年阶段，被动攻击变成了一种行为模式，只要类似情境出现，被动攻击行为就会出现。想知道为什么？因为他们需要保护自己。

很多性格直来直去的人不会理解，明明一个“不”就能解决的问题，为什么要搞那么麻烦呢？不想给朋友帮忙，直接拒绝就好了；不想配合别人的出行时间，单独行动或找时间合适的小伙伴一起；同事总是找自己帮忙，拒绝就好了。说起来容易，可问题就在这里，被动攻击者根本没有这份心理能量足以对别人直接说“不”。

不管是被动攻击型人格还是其他类型人格都要注意，我们不仅在感到愤怒时要懂得表达愤怒，在体验其他类型的情绪时也需要表达。交朋友时，大家大多喜欢善于表达、喜欢自我暴露的人。一个人的喜怒哀乐有着明显的界限，他会是一个简单的人，可如果一个人从不愤怒、从不兴奋，始终保持冷静、保持友好，那么你要小心了，他不是将情绪转向了暗处，暗地里攻击别人，就是憋着一个大雷，在某个时刻炸大家一个措手不及。

❖ 笑吧，亲爱的——笑容的治愈力量

笑笑之所以叫笑笑，是因为她小时候特别爱笑。她长着一双笑眼，笑起来眼睛弯弯的，甜美可人，让人看着就特别开心。笑笑并不是那种长得惊艳美丽的女孩，但待在她身边却让人感到无比温暖和开心。因为脸上整天挂着微笑，性格和善，容易相处，从小到大，笑笑身边都有很多朋友，不管是男同学还是女同学，大家都很喜欢和她在一起玩。

毕业之后，笑笑进入航空公司，成了一名空姐。当初在面试时，笑笑几乎丧失信心了，与她同一组面试的应聘者中，她不是人长得最漂亮的，也不是履历最漂亮的。在只有三个最终录取名额的情况下，她完全没有优势。笑笑还一直认为一定是撞了大运才顺利入职的。一次单位聚餐，笑笑的部门领导，也就是当初负责招聘的面试官之一透露，当初是她的笑容和真诚打动了所有面试官，她是唯一一个通过的应聘者。虽然有很多应聘者的学历、个人经历看起来更有竞争力，但是没有她打动人的笑容。

在工作中，笑笑用她的乐观笑容帮助了许多伤心难过的同事。有人遇到了难缠的客人，笑笑总能帮忙解决；有人失恋了萎靡不振，笑笑就成了爱心小天使，给予对方最大限度的陪伴和安慰。最近，与她同组的爱姐整日愁眉苦脸，为举步维艰的日子操心伤神，笑笑理所当然地成了她的“心理医生”，陪她一起微笑面对。

爱姐比笑笑大十多岁，结婚之前做了八年空姐，后来为了要孩子，辞职休养了几年，好不容易生了孩子，孩子刚满一周岁，老公就去世了。孩子小，处处要花钱，每个月的房贷，还有各种生活开销，爱姐没

了办法，只好把她妈妈接来帮忙带孩子，她则厚着脸皮去求之前的经理，让她重新回公司上班。公司那关是过了，爱姐却过不了工作这关。辞职四五年，爱姐没了年龄优势，业务也生疏了，刚飞了两次，就因为被客人投诉遭到主管点名批评。更让她无法接受的是，主管比她还要年轻几岁，为这，她萌生了另寻工作的想法。

一次，爱姐遇到了一个特别难缠的乘客，是一个年轻男子，爱姐让他把手机关掉，他不听，反复沟通了许多次，他才不耐烦地关了手机，还威胁说，如果因此而错过大生意，就要爱姐负责。之后，爱姐问他喝什么，他说随便。爱姐只好每一种饮料都给他倒一杯，让他自己选择。不料，乘客在喝饮料时不小心洒在了裤子上，他要求爱姐帮他擦拭，还要求帮他把裤子脱下来，拿去烘干。爱姐气得马上就要哭了，碍于工作要求只能默默忍着。这时候，笑笑走过来，微笑道："乘客您好，您需要脱掉裤子拿去烘干对吗？这位同事有些身体不适，我来为您效劳！"说着，她走到乘客身边，准备拉他的腰带，没想到，乘客竟然一秒㞞掉，推开笑笑道："算了，给我拿些纸巾来。"

"您确定不需要脱下来烘干吗？其实烘干很快的，只需要两三分钟。"笑笑微笑道。

"都说不用了，怎么这么多废话呢！"乘客不耐烦道。

事后，爱姐不禁感叹道："看你平时像个小天使一样，没想到胆子还挺大的。"

"天使也有恶魔的一面，我的小恶魔专门用来整治这种人！"笑笑说。

笑笑和爱姐编在一个组，一起飞了一个月后，笑笑成了爱姐的"知心妹妹"，她们一起上班，休息时约着逛街、吃饭，飞机上遇到奇葩乘客，她们一起商量着如何应对。和笑笑在一起，爱姐变得乐观了许多，也不再想辞职的事情，她下决心要努力工作，尽快把房贷还上，然后给孩子攒奶粉钱、攒学费。

有一天，爱姐问笑笑说："你为什么每天都那么开心啊？每次见你都是一张笑脸，好像任何糟心的事情都不会影响心情！"

"我也有不开心的时候啊，你没发现，吐槽客人最多的就是我吗？不过我记性不好，骂一骂就忘了。整天想着那些人干吗，还不是自己心烦！"笑笑说。

"你说的也有道理，把你的魔法传授给我一点吧，让我也开心一些！"爱姐由衷地说道。

笑容是世界上最美丽的表情，也是最动听的语言。笑容不需要翻译，任何文化背景的人都能够理解。在个人生活中，笑容代表着自信魅力，代表着乐观积极，笑容如一缕春风能够吹散阴霾，释放心头积郁的不快。在中国古代，笑容被看作治病良药，健身法宝。金元时期有一位医生叫张从正，他用"喜胜忧""喜胜悲"的方法治愈了许多病人。

在张从正编撰的中医著作《儒门事亲》中记载了这样一个故事：话说有一个县令的妻子，别的毛病没有，就是整日心情不好，不愿意吃饭。不吃饭就算了，她有时候还高声骂人，样子凶狠，好像要杀人一样。县令为妻子遍访名医，始终不见效果。最后，县令找到了张从正。张从正请来了两个艺人，让他们化着奇怪的妆容，穿着怪异的衣服，在县令妻子面前跳舞，县令妻子见了大笑。第二天，张从正又让那两个艺人模仿动物，学动物互相决斗、嬉戏的样子，县令妻子觉得更好笑了。如此几日之后，张从正找了两个饭量特别大的人，在县令妻子面前吃饭，边吃边夸奖饭菜可口。县令妻子见状，馋得直流口水，命人端来饭菜，她大口吞食。之后，县令妻子食欲渐渐增加，不进食的毛病也治愈了。

张从正采用的是古代流传下来的心理治疗方法，简单来说，就是利用情绪之间的互相制约，用一种情绪治疗另一种失常的情绪。对县令妻子的治疗，张从正首先想办法改善患者的情绪，即治病必先"调畅情志"

的治疗理论，情绪恢复之后再改变病症，这种方法算是“笑容治疗”。很多人在心情糟糕时没办法展露笑容，即使脸上挂着微笑，也是勉为其难的假笑。这时候，这些人需要他人的帮助或者自主地调动情绪，让笑代替愤怒、抑郁、失落等，毕竟笑容实在有太多有益身体健康的功能了。

一次开怀的大笑相当于进行了一次小强度的体育锻炼。人在笑时，面部、颈部、胸部、背部、腹部、肩部以及四肢的肌肉、关节、韧带都发生了运动，同时，腹部收缩、脸部扩张、肺容量增大、进气量增多，血液中氧气就会增加。笑还能加强心脏的功能，促进血液循环，调节神经系统，从而消除紧张，驱散抑郁。人们常说“笑一笑，十年少”，并非没有道理的。

❖ 动起来——不要再45°仰望天空了

大学时，洁丽读的是新闻专业。在她就读的学校，新闻一系和中文一系在一个学院。于是，洁丽不小心混进了文艺青年的圈子，身边很多人都是多愁善感的才子才女。出于好奇，洁丽参加过中文系的读诗会，交过一个留着长发、愤世嫉俗的男朋友，还和几位博学多才、能写善画的中文系美女成了好朋友。

新鲜劲儿过去，洁丽渐渐受不了文艺青年身上的气息，大学后两年，洁丽总是刻意远离她的文艺青年朋友，她觉得学新闻的同学更脚踏实地，为人也实在些；文艺青年则总是思考人类终极命题这种事，这可不是她的兴趣所在。

毕业多年，洁丽如愿成了一名记者，从事她感兴趣的社会新闻事业。多年的采访经历让她对实实在在的人更感兴趣，而不是虚构的故事。在做完某些重大事件的深度报道之后，她还会与一些受害者保持长久的联系，尽她所能提供一些帮助和关怀。

在一个宴会上，洁丽偶遇高她一届的学姐淑清，匆忙的宴会结束，她们在周末又约见面，聊起读书时的许多有趣事。当年，淑清是系里的美女加才女，远近闻名，圣诞节时，给她送礼物的男生在女生宿舍楼门口排了一队。淑清谁都没选，毕业后她回到老家和青梅竹马的同学结了婚。她在一家文学杂志社工作，因着工作的关系，她结识了许多文艺圈的长辈，还有人鼓励她写作。一段时间里，她期待着能够出版自己的小说，成为一名真正的作家。可是好景不长，淑清工作不到十年，由于新媒体的蓬勃发展，她所在的杂志社倒闭了。

为此，淑清抑郁了一阵子，每天 45° 仰望天空，怀念着她未实现的梦想。看得出来，时间过去两三年，如今已是家庭主妇的淑清并没有从当初的打击中走出来。和她聊天，她经常提到的词是“忧伤”，一副楚楚可怜的样子。可是，谈起她曾经约稿的作家，她主持过的专栏，她参加过的文艺座谈，她脸上仿佛还能看到当年的兴奋。回到现实，她又变得颓丧起来，骨子里是忧伤和失望。第二次见面，淑清送了一本诗集给洁丽，那是她多年积累写出的作品，因为没有出版社愿意出版，她只好自费出书，自己回味之外送给亲朋好友。

淑清说，她常觉得日子过得无聊，她和老公维持着相敬如宾的婚姻，养育一个八岁的孩子，可是她完全看不到自己存在的意义，她只是为了别人而活。她说自己喜欢一个人在家里待着，全世界只有她一个人时她最自在。洁丽仔细地询问，担心淑清有抑郁症的倾向，细谈之下又觉得不像。和她这种神经粗粝的人相比，淑清神经敏感、过于感性，才会如此感时伤怀。多年来坚持跑步的洁丽邀请淑清一起，对方却拒绝说：“叫我在家躺着还成，跑步这种事我可做不来。”尽管她知道，运动是帮助她摆脱这种忧伤状态的好方法。

每个人都会有忧伤的时刻。由于人们倾向于在忧伤这件事上花很多思考时间，忧伤的情绪比其他情绪更持久。如果一直让自己沉浸在忧伤之中，很容易陷入抑郁，从此不能自拔。运动是摆脱消极情绪的最好方法，但人在情绪低落时，最不想做的事情就是运动，即使理智反复强调，但是身体会倔强地拒绝。这好像是一种不可调解的矛盾。

研究表明，运动可以让人体内产生内啡肽和其他有益情绪的物质，运动的人要比不运动的人更有活力，态度更积极，心态也更平和。此外，运动让人集中注意力在眼前的身体感觉上，从而转移我们对消极情绪的关注。这种运动可以是慢跑、长跑、机械练习，或者仅仅是散步。时常忧伤的人表现出抑郁症的某些特征，如意志力降低，情绪低落，他们觉得自己什么都做不了，身体像被困住了一样懒得动。但是运动，哪怕只是散步一个小时，便可以带来巨大的成就感，从而驱散忧伤。当然，如果处在强烈的悲伤、愤怒、伤心等情绪中，绝对不可以做剧烈运动。心脏的承受能力是有限的，它没有办法同时承受剧烈运动和强烈的情绪。

图书在版编目（CIP）数据

心理学入门. 3，受益一生的情绪控制心理学 / 隋岩著. —北京：中国法制出版社，2019.8

ISBN 978-7-5216-0290-6

Ⅰ. ①心…　Ⅱ. ①隋…　Ⅲ. ①情绪-自我控制-通俗读物
Ⅳ. ① B84-49

中国版本图书馆 CIP 数据核字（2019）第 118617 号

责任编辑：陈晓冉（chenxiaoran2003@126.com）　　封面设计：汪要军

心理学入门. 3，受益一生的情绪控制心理学

XINLIXUE RUMEN. 3，SHOUYI YISHENG DE QINGXU KONGZHI XINLIXUE

著者 / 隋岩

经销 / 新华书店

印刷 / 河北鑫兆源印刷有限公司

开本 / 710 毫米 ×1000 毫米　16 开　　印张 / 11.25　字数 / 145 千

版次 / 2019 年 8 月第 1 版　　2019 年 8 月第 1 次印刷

中国法制出版社出版

书号 ISBN 978-7-5216-0290-6　　定价：36.00 元

北京西单横二条 2 号　邮政编码 100031　　传真：010-66031119

网址：http://www.zgfzs.com　　**编辑部电话：010-66071900**

市场营销部电话：010-66033393　　**邮购部电话：010-66033288**

（如有印装质量问题，请与本社印务部联系调换。电话：010-66032926）